U0339204

地坑院

中国传统
建筑营造技艺
丛书

王徽 杜启明 张新中 刘法贵 李红光 著

窑洞地坑院
营造技艺

YAODONG
DIKENGYUAN
YINGZAO JIYI

APGTIME 时代出版
时代出版传媒股份有限公司
安徽科学技术出版社

图书在版编目(CIP)数据

窑洞地坑院营造技艺/王徽等著. 一合肥:安徽科学技术出版社,2013.7
(中国传统建筑营造技艺丛书)
ISBN 978-7-5337-6050-2

Ⅰ.①窑… Ⅱ.①王… Ⅲ.①窑洞-建筑艺术-中国
Ⅳ.①TU241.5

中国版本图书馆 CIP 数据核字(2013)第 118911 号

窑洞地坑院营造技艺 王 徽等 著

出 版 人:黄和平 策 划:黄和平 蒋贤骏 责任编辑:蒋贤骏 田 斌
责任校对:盛 东 封面设计:王国亮 朱 婧 责任印制:廖小青
出版发行:时代出版传媒股份有限公司 http://www.press-mart.com
安徽科学技术出版社 http://www.ahstp.net
(合肥市政务文化新区翡翠路 1118 号出版传媒广场,邮编:230071)
电话:(0551)63533330
印 制:安徽新华印刷股份有限公司 电话:(0551)65859138
(如发现印装质量问题,影响阅读,请与印刷厂商联系调换)

开本:710×1010 1/16 印张:11.5 字数:134 千
版次:2013 年 7 月第 1 版 2013 年 7 月第 1 次印刷

ISBN 978-7-5337-6050-2 定价:45.00 元

丛书编撰委员会

丛　书　序

在2009年联合国教科文组织保护非物质文化遗产政府间委员会第四次会议上，我国申报的“中国传统木结构建筑营造技艺”被列入“人类非物质文化遗产代表作名录”，这无疑将促进中国民众对营造技艺遗产及与之相关文化习俗的重新审视。

中国传统木结构建筑营造技艺是以木材为主要建筑材料，以榫卯为木构件的主要结合方法，以模数制为尺度设计的建筑营造技术体系。营造技艺以师徒之间言传身教的方式世代相传。由这种技艺所构建的建筑及空间体现了中国人对自然和宇宙的认识，反映了中国传统社会等级制度和人际关系，影响了中国人的行为准则和审美意象。中国传统木结构建筑营造技艺根植于中国特殊的人文与地理环境，是在特定自然环境、建筑材料、技术水平和社会观念等条件下的历史选择。这种技艺体系延续传承约7000年，遍及中国全境，形成多种流派，并传播到日本、韩国等东亚各国，是东方古代建筑技术的代表。2010年，韩国继中国之后也成功申报了“大木匠与建筑艺术”，显示了这项文化遗产的重要性和世界意义。

长期以来，我国对传统建筑的保护主要通过确定各级文物保护单位的形式，侧重古建筑的物质层面。随着非物质文化遗产概念的引入和非物质文化遗产保护工作的展开，传统建筑营造技艺

和代表性传承人被列入保护范围，并得到政府和社会的日益关注。下面就非物质文化遗产和营造技艺保护谈几点体会和认识。

一、物质与非物质、有形与无形、静态与活态的关系

非物质文化遗产中的“非物质”容易让人理解为与物质无关或排斥物质。然而，非物质文化遗产并不是和物质完全没有关系，只是强调其非物质形态的特性。“非物质”与“物质”是文化遗产的两种形态，它们之间往往相互融合，互为表里。以营造为例，物质文化遗产视野中侧重建筑实体的形态、体量、材质，而非物质文化遗产视野中则侧重营造技艺和相关文化，它们相互联系、互为印证。通过建筑实体可以探究营造技艺，尤其对于只剩物质遗存而技艺消亡的对象；反之，也可通过技艺来研究建筑。物质文化遗产和非物质文化遗产之间也可相互转换，当侧重建筑的类型学和造型艺术时，即为传统文物意义上的物质遗产；而当考察其营造工艺、相关习俗和文化空间时，则为非物质文化遗产。

称非物质文化遗产为无形文化遗产也并非因其没有形式，只是强调其不具备实体形态。传统营造技艺本身虽然是无形的，但技艺所遵循的法式是可以记录和把握的，技艺所完成的成品是有形的，而且是有意味的形式，形式中隐含和沉淀了丰富的文化内涵。

非物质文化遗产又称为“活态遗产”，这反映了非物质文化遗产的重要特质，即强调文化遗产在历史进程中一直延续，未曾间断，且现在仍处于传承之中。非物质文化遗产的载体是传承人，人在艺在，人亡艺绝，故而非物质文化遗产是鲜活的、动态的遗产；相对而言，物质文化遗产则是静止的、沉默的。然而二者之间仍然存在着非常密切的联系和转换，例如一件建筑作品不但是活的技艺的结晶，而且其存续过程中大多经历不断的维护修缮，注入了不同时期的技艺的烙印；它同时又是一件文化容器，与生活于斯

的人每时每刻相互作用，实现和完成其中的活态生活，是住居不可或缺的文化空间。

二、从营造技艺看非物质文化遗产集体性传承的特点

中国古代木构架建筑经过长期实践而锤炼成固定的程式，可以说世界上还没有任何一个建筑体系像中国古代木构架建筑体系这样具有高度成熟的标准化、程式化特征。建筑的布局、结构、技艺等都有内在的准则和规范。这套体系涉及院落组合方式、建筑之间的对应与呼应关系、建筑的体量与尺度、建筑的结构和构造方式、建筑装饰的施用及题材等。这些准则和规范，在官方控制的范围内成为工程监督和验收的标准，在地方成为民间共同信奉和遵守的习俗。

早在唐宋时期，营造技艺已经有细致的分工，如石、大木、小木、彩画、砖、瓦、窑、泥、雕、旋、锯、竹等作，至明清技艺更细分为大木作、装修作（门窗隔扇、小木作）、石作、瓦作、土作（土工）、搭材作（架子工、扎彩、棚匠）、铜铁作、油作（油漆）、画作（彩画）、裱糊作等。明清宫廷建筑设计、施工和预算已由专业化的“样房”和“算房”承担。传统营造业以木作和瓦作为主，集多工种于一体，具有典型的集体传承形式。在营造过程中，一般以木作作头为主、瓦作作头为辅，其作为整个施工的组织者和管理者，控制整个工程的进度和各工种间的配合。各工种的师傅和工匠各司其职、紧密配合，保证工程有条不紊进行，整个传统营造工艺已经发展为非常成熟的施工系统和比较科学的流程。

三、整体性、活态性与营造技艺的保护

营造技艺的保护应注重整体性原则。传统建筑文化中包含多方面的非物质文化遗产内容，不唯营造技艺一项，比如建筑的选址、构成、布局等均涉及联合国非物质文化遗产分类中关于宇宙、自然、社会诸方面的认知，城市广场、村寨水口、廊桥等空间场所

及各种民俗、祭祀、礼仪活动(包括庙会)构成了典型的文化空间，还有伴随营造过程的各种禁忌、祈福等信俗活动。这些内容实际上都依附于传统建筑空间及营造活动过程，相互关联，形成一个整体。

“营造”一词中的“营”，与今天所说的建筑设计相近。不同的是，它不是一种个体的自由创作，而是一种群体的制度性、规范性的安排，是一种集体意志的表达，同时也是技艺的一种表现形式。任何一种手工技艺都含有设计的成分，有的占据技艺构成的重要部分，体现了营与造的统一。

活态保护与整体相关，即整体保护中涉及活态保护与静态保护的有机统一，但这里的活态保护主要强调的是一种积极的介入性保护手段，即将保护对象还原到一个相对完整的生态环境中进行全面保护，或称之为“活化”。过去我们拆除一些建筑遗产，新建假古董，继而又孤立地保留一些有历史价值的建筑，割裂了其所依存的环境，并弱化了原有的功能和生活，使文化遗产蜕变为没有内容和活力的标本。现在已有一些地方进行了富有成果的尝试，即成区片地整体保护传统街区、民居、寺观，并将之辐射为街区的整体生态保护。一些深刻反映中国传统文化的信俗项目及其建筑空间可望加以恢复，其内容和功能将转化为城市历史记忆、社区文化认同与市民社会归属的文化空间，以及市民休闲交往的场所，这也将是多元社会价值取向的一种标志。

与一般性手工技艺的生产性保护相比，营造技艺有其特殊的内容和保护途径。有别于古代大量的营造技艺实践，当今传统营造技艺只局限在少量特殊项目。然而旧有传统建筑的修缮却是量大面广，并且具有持续性特点，如果我们把握住传统建筑修缮过程中营造技艺的保护，将使营造技艺得到有效的传承与保护。这其中有两方面的工作可以探讨和实践：一是在文物建筑保护单位

中划定一定比例的营造技艺保护单位，要求保护单位行使物质文化遗产与非物质文化遗产保护的双重职责。无论复建抑或修缮，将完全采用传统材料、传统工序、传统技艺、传统工具，遵照传统习俗，使之同时成为非物质文化遗产保护的活化石。另一方面，复建和修缮本身是技艺的实现过程，也是技艺得以传承的条件。营造是一种兼具技术性、艺术性、组织性、宗教性、民俗性的活动，丰富且复杂，其本身就是一种可以观赏和体验的对象。可以探讨一种新的修缮与展示相结合的方式，类似考古发掘和书画修复的过程呈现，将列入非物质文化遗产项目的营建、修缮过程进行全程动态展示或重要节点展示，包括其中重要的习俗与禁忌活动。

《中国传统建筑营造技艺》丛书是在我国大力开展非物质文化遗产保护工作的背景下，结合中国传统建筑研究领域的实际情况提出的。保护传统建筑营造技艺是保护传统建筑的核心内容，虽然传统建筑的许多做法已经失传，但有很多传统建筑类型的营造技术和工艺仍在中国各地沿用，并通过师徒之间的言传身教传承下来，成为我们珍贵的非物质文化遗产。对这些营造技艺的系统整理和记录是研究中国传统建筑的一个重要方面。鉴于此，我们在中国艺术研究院建筑艺术研究所开展的“中国传统建筑营造技艺三维数据库”课题的基础上，组织编写了《中国传统建筑营造技艺》丛书，旨在加强对传统建筑营造技艺的研究，促进传统建筑营造技艺的传承。

刘 托

中国艺术研究院建筑艺术研究所所长、研究员

前　言

地坑院，俗称“天井式窑洞”，其独特的形式是中国民居建筑史上的一大奇观。“见树不见村，见村不见房，闻声不见人”是地坑院村落景观的真实写照，故地坑院也被称为“地下四合院”。

地坑院是窑洞民居的一个重要类型，是远古人类穴居形式的一种延续，是在黄土高原地带形成的独特、成熟的民居样式之一。豫西黄土塬地区是人类文明早期发祥地区之一，驰名中外的仰韶文化遗址就在其境内。在豫西黄土塬地区近2 000平方千米的黄土地上，自从有了人，便有了窑洞，而这些窑洞正是黄帝子孙繁衍生息、创造灿烂文化的地方。

陕北高原

由黄土高原天然黄土层孕育出的地坑院，它因地制宜、依山靠崖、凿土挖洞、就地取材、深潜土原、适应气候、便于修建、融于自然，很好地诠释了“天人合一”的中国古代哲学思想。

地坑院体现了人和土地的感情及土地与生活的重要性、密

切性。人们依托大地，使用最简陋、最少量的建筑材料和最小的工程费用，完全依靠自己的聪明智慧和勤劳双手，在平原上掘地为穴，于立壁上掏土成窑，建成这方方正正、牢固可靠又冬暖夏凉的安乐家园，谱出了一曲最真诚、最朴实的生命赞歌，从建筑的角度展示了时代经济和民俗特色源远流长的文化内涵。

这种带着神秘感的地下村落，多见于陕西渭北高原、山西南部、甘肃东部地区，但地坑院保存最为集中、最好的地区是在河南省的三门峡市陕县境内。在陕县的陕塬上，星罗棋布的村庄里散落着数以万计的地坑院民居，特别是在陕县东凡塬、张村塬、张汴塬这三个高台平原地带，许多村民至今仍居住在地坑院里。

地坑院大多在平整的黄土地上，挖一个边长为12~15m的长方形或正方形的深坑，深6~7m，然后在四壁凿挖出8~12孔窑洞，最后在窑院一角挖出一个斜向弯道通向地面，作为居民出入院子的门

地坑院鸟瞰　胡民举摄

洞。地坑院院心经常种植几棵树，树冠高出地面，形成一幅可闻人言笑语、鸡鸣畜叫，却不见村舍房屋的独特农家画面。

站在地坑院的天井中央，可以发现许多深藏其中的风水秘密。地坑院一旦建好，在若干代子孙间传承是十分常见的事。它的建造是关系家族兴衰的大事，因此在动工之前的选址中，村民们大都请风水先生来看宅子、造地形、定坐向、量大小、下线定桩，然后才选择吉日动工。地坑院基地的选择十分讲究：一般都选择宅后有山梁大塬的地方，谓之“靠山宅”，意思是“背靠金山面朝南，祖祖辈辈吃不完”；而很少选择临沟无依无靠的地方，这样的地方被称作“背山空”，寓意“背无依靠，财神不到”，不太吉利。依据正南、正北、正东、正西不同的方位朝向和主窑洞所处的方位，地坑院分别被称为东震宅、西兑宅、南离宅和北坎宅。一座座看似简单的院落，便在这每一个不经意的细微处，传达着复杂的历史和文化信息。

地坑院的营造技艺对研究生土建筑具有重要的文化和学术价值。地坑院在建造过程中的勘地、放线、开挖、打窑、垒坑、门窗制作等营造技艺与其他民居类型相比，是独一无二的，是黄土高原上珍贵的文化遗产。2010年，陕县地坑院营造技艺被文化部列为第三批国家级非物质文化遗产保护名录。

地坑院还蕴藏着丰富的民俗文化。这里仍沿袭古老的特色婚俗：男骑马，女坐轿，麻伞在仪仗队最前边打着，旗帜、灯笼和吉祥牌子在后面跟随；陕县的黑色剪纸是地坑院的另一个著名民俗：当地文化认为黑是正色、本色，黑色剪纸可避邪，因此在窑洞的风门和窗户上，在老年人的居室和新婚的洞房中，都贴着内容丰富、题材多样的黑色剪纸。住在地坑院的百姓最重要的岁时节令民俗为春节期间的社火表演，人们踩高跷、跑旱船以欢度节日，预祝来年五谷丰登、六畜兴旺、人寿年丰；在地坑院的天井里，外来游客

还可以品尝“豫西十碗水席”，别有一番风味。

虽然地坑院民居有着诸多优点和丰富文化，却也有其自身的缺点。对比现代住宅，地坑院存在通风不畅、阴暗、潮湿等不利因素。随着生活水平的改善和退宅还田政策的要求，人们逐渐从地下走向地上，地坑院正被一座座砖瓦房替代，如今基本没有人建造地坑院了。地坑院这种弥足珍贵的民族文化遗产正从人们的视野中逐渐消失。

作为民族文化遗产的内容之一，地坑院的抢救、保护和发展工作刻不容缓。如何科学合理地保护地坑院民居，如何依据可持续发展原则善用巧用地坑院民居文化特色加以开发，如何专业地利用现代技术手段对地坑院民居进行有效改造，这些都是古老的地坑院民居对现代社会提出的亟待解决的问题。

本书详细记述了地坑院的建筑特色与历史沿革，讨论了影响其形成的各种因素，并着重记录了已被国家列为非物质文化遗产保护项目的地坑院营造技艺，希望它的历史学、建筑学、地质学和社会学价值能为世人明了和关注；更希望能抛砖引玉，促进人们深入研究这一民间建筑，并传承其生命。

作　者

目　录

第一章 地坑院民居概述

四合院是众所周知的北方传统合院式民居建筑，其格局为一个方方正正的院子，四面建有房屋，房屋从四面将庭院围合在中间，形成一个封闭式的院落；在我国中原西部地区，还有一种独特的“地下四合院”，这就是地坑院民居。

一、地坑院民居的特色与历史沿革

地坑院的建造，是在平坦的地面向下挖出一个深6~7m，边长12~15m的长方形或正方形土坑作为天井院，然后在土坑的四壁挖8~12个窑洞。（图1–1）每个窑洞约高3m、宽4m、深8~12m；窑洞的剖面上为拱形，距窑洞地面2m以内的墙壁保持垂直，2m以上至顶端为拱形；窑院一角的一个窑洞向上凿成斜坡，形成阶梯形甬道通向地面，这是人们出入地坑院的通道，通道的上端称为门洞，是地坑院的入口。（图1–2）

常见在门洞窑的一侧再挖出一个拐窑，从拐窑内地面向下挖出一个深20~30m、直径约1m的水井，再加一把辘轳，就解决了人畜饮水的问题，故这个拐窑也叫井窑。地坑院天井院与地面交接的四周，用青砖青瓦围砌一圈，形成房檐状，用于排雨水，保护地坑院墙壁不受雨水侵蚀。在房檐上再砌一道高30~50cm的拦马墙，在通往地坑院的甬道及门洞周围一样砌有拦马墙。拦马墙在外观上对地坑院有装饰作用，在功能上不仅可以阻止雨水灌入地坑院内，保护墙面不受雨水冲刷侵蚀，还可以防止地面活动的人们或牲畜坠落院内发生意外。（图1–3）

由于地坑院处在地表以下，因此其排水与防渗是建筑构造要解决的最重要的问题，地坑院的构造形式大多也是因此产生。在地坑院里，窑洞的外立面称为窑脸，窑脸除门窗外均以泥抹壁，门

图1–1　地坑院民居

图1–2　地坑院入口

图1–3　拦马墙

窗四周常用青砖围砌，窑脸下部的墙壁位置也多用青砖铺砌围护。院内地面沿四周用青砖铺砌，距院子边2m左右范围之外向下挖30cm左右形成院心，并且在其偏角挖一眼深4~6m、直径约为1m的水坑，坑底铺一层炉渣，顶上用青石板盖上，主要是用来积蓄雨水与污水。

传统的地坑院，窑洞内多用土坯垒成火炕，一般另有单独的窑洞作为厨房、粮仓、鸡舍及牛棚。院内可圈养牛、马、羊、鸡、狗等家畜。窑洞内再挖的小窑洞称之为拐窑，可以储藏杂物或者作为

窑洞之间的通道。窑顶地面用于打场、晒粮，用于存放粮食的窑洞顶部常开有通往地面的小洞，称为“马眼”。收获季节可以使晒干的粮食直接从马眼流入窑洞内的粮囤中。地坑院院心还经常种植1~2棵梨树、榆树、桐树或石榴树，树冠高出地面，露出树尖。（图1–4）

从地面向下俯瞰地坑院，天井院是最主要的景观，故当地人又称之为“地阴坑”“地窑”“窑院”、“窑庄”等。在洛阳和三门峡两市辖区内，地坑院的称谓流行较为普遍，应该是古陕州一带沿袭下来的对这类窑洞的称谓方式，十分形象、准确。

地坑院虽存在已久，但至今仍鲜为人知。它是中国传统民居建筑中的珍稀品种，被称为“人类古老居住建筑形态的活化石”，是窑洞民居的一种重要类型。

窑洞是中国西北黄土高原上居民的古老居住形式，源于原始社会的穴居文化，距今已经有4 500年以上的历史，可谓原始生态

图1–4　拐窑

建筑最早的建筑实例。窑洞民居均顺应地形地势而造，由于黄土地区地形复杂，窑洞通常沿崖坡沟边呈带状分布，以求避风向阳、取水方便。按窑洞挖掘方式和构筑方式的不同，学术界将窑洞类型区分为下沉式窑洞、靠崖式窑洞、砌筑式窑洞等。由于黄土高原地区独特的自然环境和地理条件，直至今天，仍有大量的人继续居住在窑洞这种建筑形式中。这从另一角度看，也证实了“适应自然、顺应自然的绿色建筑才具有强大的生命力”之说。

古籍中对窑洞民居形式的明确记载始于秦汉。《前秦录·十六国春秋》中记载：“张宗和，中山人也。永嘉之乱隐于泰山，依高山幽谷，凿地为窑，弟子亦窑居。”而对地坑院民居最早最详细的记载资料，当属南宋绍兴九年（1139年）朝廷秘书少监郑刚中写的《西征道里记》一书，该书记述了他去河南、陕西一带安抚时路上的所见所闻。关于当时河南西部一带的窑洞情况，书中这样记载：“自荥阳以西，皆土山，人多穴居。”并表述了当时挖窑洞的方法：“初若掘井，深三丈，即旁穿之。”又说，在窑洞中“系牛马，置碾磨，积粟凿井，无不可者”。“初若掘井”就是开始时像挖井一样挖出院心，“深三丈”（10m）只是个大概数字，和地坑院的7m深，较为接近。“即旁穿之”，就是从旁边向院内挖的上下甬道（门洞）。这些简洁的文字勾勒出当时地坑院的形状和施工过程，与现在我们所看到的地坑院形状别无二致。从宋代这段文献描述的挖窑方式来看，这确实是后来豫西地坑院的建造方式。

目前，豫西地区地坑院建造年代有据可查的当属陕塬上的陕县西张村塬上的窑头村。据窑头村曹氏族谱记载：“洪武年间，避大元之乱，由山西省洪洞县曹家川迁移至陕县南塬窑头村。”窑头村是黄土塬上靠中间的村庄，地面平坦，没有条件建造“靠崖窑”，只能挖地坑院。事实上，20世纪70年代以前，这里几乎95%的农民都住在地坑院内，其他类型民居极为少见。据此证明窑头村的地

坑窑院已有七八百年的历史了。这套族谱显示出地坑院的存在年代，再结合宋代的文献记载和后关村地坑院旁边的“千年古槐”树，我们可以确信，陕县一带是地坑院较早的发源地和持续流传地区。

作为一种古老而神奇的民居式样，地坑院民居蕴藏着丰富的文化、历史和科学，是历代劳动人民智慧传承发展的结晶。这种居住模式随着文明和社会发展，始终适应着当地民众居住生活的要求，一直沿用至今。它的历史沿革，即这种居住模式的成长、成熟、衰退、更新的过程，历经了几千年。

二、地坑院民居的分布区域

地坑院作为下沉式窑洞民居，在河南三门峡、山西南部、甘肃庆阳及陕西的部分地区均有分布，其中河南三门峡地区保存最为完好，规模相对最大，该地区至今仍有100多个地下村落、近万座天井院，依然保持着“进村不见房，闻声不见人”的奇妙地下村庄景象，其中较早的院子有200多年的历史，住着六代人。

现今在人们的记忆中，地坑院最兴盛的时期是20世纪50~80年代。陕县三大塬区，几乎没人盖房，农民居所95%以上都是地坑院，全县有1万多座，形成了“见树不见村，进村不见人”的建筑奇观。地坑院修建完全结合当地生活环境，冬暖夏凉，安静避风，经济方便，基本不使用高价值建筑材料，被当地民众普遍掌握，形成群体性传承，并构成了当地富有特色的生活习俗和建筑传统。

由于经济条件改善、观念改变、气候变化、国家土地整治政策导向等原因，20世纪80年代以后，豫西大量地坑院被遗弃，或填平

图1-5　陕县卫星地图

复耕为土地。现仅在陕县的张汴塬、张村塬、东凡塬存留较为集中。（图1-5）

三、地坑院民居成因与其所在的自然环境

窑洞民居主要分布在我国黄土高原南部，古代这里曾气候凉爽、植物繁茂，由于气候变迁加之近现代长期的环境破坏与战乱、水土流失、人口增加，使得这里的生态基础受到了严重的破坏，山清水秀、草盛林密的黄土高原变得沟壑纵横，土地支离破碎。（图1-6）

窑洞民居的特色，体现出人们因地就势充分利用自然地形特点建造宅院的智慧。黄土高原上的窑洞类型有靠崖式窑洞、下沉式地坑院窑洞和独立式窑洞三种。其中靠崖式窑洞中尤其以沿沟式窑洞居多，地坑院则在河南省西部的三门峡陕县居多，故三门峡陕县又被称为地坑院之乡。

塬在陕县很常见，它是我国黄土高原地区因流水冲刷后形成

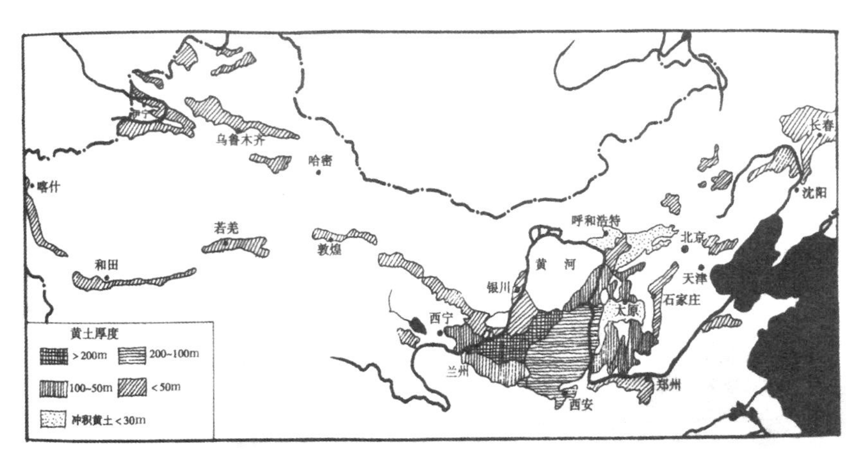

图1–6 中国黄土高原分布简图

的一种地貌，呈台状，四周陡峭，中间平坦，黄土厚度为50~150m。这些黄土是在早更新世、中更新世和晚更新世堆积而成，主要由石英和粉沙构成，土质结构十分紧密，具有抗压、抗震、抗碱腐蚀等作用，这种天然的地质条件为挖掘地坑院创造了得天独厚的条件。

在河南省其他地区塬并不多见，通过陕县地图可以看到，一个塬可以覆盖一个乡镇，甚至覆盖两个乡镇。陕县近百个村落的近万座地坑院，就集中分布在东凡塬、张村塬和张汴塬三大塬区上。这三大塬区，正处在仰韶文化遗址上，在这些塬上的人马寨、庙上村、窑头等地，都有仰韶文化遗迹发现。而仰韶文化时期，正是人类穴居文化的成熟阶段。

豫西地区位于北温带大陆性季风区，属于半干旱性气候，特点是凉爽干燥、四季分明，降雨量偏少，大暴雨很少有。若偶遇洪涝，由于塬三面都是沟壑，雨水出路通畅，一般不会殃及天井院落。半干旱性气候有利于保持当地土壤的干燥和坚固，使窑洞建筑经久耐用；一年四季温差较大，但藏于地下的地坑院冬天能保

图1–7　黄土高原窑洞，吴继才摄影

持在11℃以上，夏季保持在20℃以下，能体现出窑洞“穴居”冬暖夏凉的优势，而且防尘、防风、隔声、安静，适合人居和储粮。因此，那些久居地坑院的老人常常不愿意离开，说地面上的平房在夏天热得让人睡不着。（图1–7）

由于黄土高原冬春季风沙很大，大风常常刮得地面上飞沙走石、天昏地暗，严重影响了正常的生活起居，而居住在地坑院内的人们却没这些感受。地坑院在地面之下，恶劣的自然气候对它的影响相对地面房屋而言，要小得多。

由于气候干旱，地下水位很低，一般在30m以下，这就为地坑院这种民居建筑形式提供了得天独厚的地质条件。若遇到暴雨，地坑院通过设置拦马墙来排泄雨水，拦马墙还保证了地面上行人和牲畜安全，亦可作装饰之用；另外，通过在院落中央设置15~20m深的渗井，这种渗井口小肚大，口径70cm左右，可以排渗院内的雨

水和污水。

塬上植被覆盖率不高，高大乔木很少；缺乏木材和化石燃料；土质致密，抗震抗坍塌性能好，易于挖掘成洞；地下水位低。这些都使得地坑院成为当地人们长期选择的适宜民居类型。

四、地坑院民居成因与其所在的社会、人文环境

地坑院位于中国黄土文化最深远厚重的地区，这里的人们面朝黄土背朝天，对深厚黄土的天生依赖根深蒂固，对黄土有着天然的亲切感。

这里经济不发达，复杂的地形阻隔了对外交通，造成人口密度不高；民风民情淳朴，是典型的自给自足的传统农业经济社会，社会的传承习惯强大，保留着许多远古习俗和信息。

这里也是中华民族文化最重要的发源地之一，中华民族早期文化在这个区域一直顽强地保留着。如在豫西陕县的地坑院中，在窑洞风门和窗户上，在老年人的住室和新婚的洞房中，贴着内容丰富、题材多样的黑色剪纸；而且陕县从事剪纸的男人比女人多，剪得好的“巧巧手”也是男人比女人多。黑色剪纸源自夏商、先秦时期的古老习俗和色彩偏爱的文化传承，迥异于后来和其他地域，带有浓厚的原始色彩和远古印迹；另外还有丰富多样的民间社火、神话、谚语、方言等，都见证着此地源远流长的千载文明。（图1–8）

因此，不仅女娲抟土造人、皇天后土、天人合一等哲理思想的固化，为地坑院的持续流传提供了思想和文化上的坚强支持，聚族而居的方式和很难利用外来资源的客观条件也为地坑院营建方式的定型及营建技艺的群体性传承提供了天然的土壤。

图1-8　民间艺人与黑色剪纸

1."天人合一"思想对地坑院民居的影响

"天人合一"是中国古代哲学史上的一个基本理念,意在追求人与自然的统一,强调天与人的和谐。"天人之意,相与融合",反映了古人与天地同构的强烈愿望。从"天人合一"的哲学思想来看,地坑院是人与大自然和睦相处、共生的典型范例。

地坑院是民居建筑史上一种逆向思维的产物,它利用黄土构造特征下沉式挖掘,建筑与大地融为一体,地面上几乎看不到形迹,这与普遍通用的上竖式材料垒砌,矗立在大地之上的建筑,风格迥然不同。这种一反常规的构造方式,是地坑院最大的价值所在和魅力体现,这种建筑形式从现代绿色生态建筑的角度来看是属于"原生态建筑"。

地坑院民居的院心通常会种植梨树、鲜花等植物,这些象征生命存在的植物,为地坑院带来许多生气和灵性,这些植物在炎

炎夏日给地坑院带来一片绿荫，滋润了生活在黄土地上人们的日子。“天人合一”的自然观，在此处被充分地运用。它的人文作用，远远大于它的使用功能。

地坑院的构思十分巧妙，颇具匠心。由地面下到院落，再经由院落进到窑洞，形成收放有序的空间序列。处于地面，人的视野十分开阔，步入坡道视野受到约束，再进到院落便又有豁然开朗的感觉，整个空间充满了明暗、虚实、节奏的对比变化。地坑院深入土地之中，融合在自然之内，长天大地一色，院里花开满院，蜂飞蝶舞，院上“车马多从屋顶过”，呈现出一派田园之美、自然之美。（图1–9）

这些宁静、优美的居住环境与亲切的住居氛围，适应了人们对居住空间的心理需求，达到人工建筑和自然融为一体的效果，真正做到人与自然的天然和谐。

图1–9　秋天的地坑院

2.“风水”观念对地坑院民居的影响

中国古代先民由于自然生产力的不发达和战乱的频繁，加上古人对自身的飞黄腾达、人生荣华富贵的注重，使得古人对自然和神灵产生一定的期望与畏惧，在居住建筑上体现为对风水的讲究，各种形式的地坑院建筑都普遍注重房屋的朝向、位置关系等。各家的地坑院在建造前都会请风水先生选吉地、定方位、定坐向、定“天井”的长宽尺寸等。

比如村民在建造自家地坑院时，会先请风水先生来相地，选好风水宝地并确定方位；之后确定主窑位置，依据正南、正北、正东、正西四个不同的方位朝向和主窑洞所处的方位分为东震宅、西兑宅、南离宅、北坎宅。

建地坑院有“三要”，就是主窑、门洞窑、灶火窑位置很重要，讲究阴阳平衡、吉祥顺利，有的人家甚至对窑孔的开挖都很注重讲究；在院子施工中不能出现“簸箕”院，即宅院呈簸箕形，左右陪房外展，民俗以为会失财，民间有俗语称“簸箕院破财院，大灾小灾不间断，挣一千花一万，十年变成穷光蛋”；主窑缺失天窑补，由于年久失修破坏了原有的格局，为了使院子成行成格，就会设置一小窑作为天窑，来代替主窑；直门洞门口要有影壁墙，避免露财露富等，这些都受到中国传统风水学的影响。（图1–10）

“风水”观念是影响中国古代各类建筑最深刻、最深远的观念，作为诸多民居建筑中的一种，地坑院在建造时也自然受到“风水”观念的影响，多根据中国传统文化中的阴阳平衡学说，按八卦理念建成。布局、结构科学合理，设备齐全，有很强的防震、防风、防水、防火、防寒、防暑、防盗等功能，体现着祖先创造能力和聪明才智。

3.其他窑洞形式对地坑院民居的影响

窑洞是黄土高原的产物，是在独特黄土地貌的情况下才能挖

图1–10　地坑院与风水

掘建造，在经济条件较差的情况下，为节省经济成本才产生的，它几乎成了黄土高原的象征之一。按窑洞的建造类型主要分为以下三类：

（1）庄窑，也叫崖庄窑，它一般是在山畔、沟边，利用崖势，先将崖面削平，然后修庄挖窑。“陶复陶穴”中的“陶复”，指的就是明庄窑，有一庄三窑和五窑，也有五窑以上的。有的由于崖势不高，有得下挖几米再挖窑，往往形成三面高、一面低，这种庄子被称为半明半暗庄。（图1–11）

（2）土坑窑，也叫下沉式窑洞，这种窑都在平原大坳上修建，先将平地挖一个长方形的大坑，一般深5~8m，将坑内四面削成崖面，然后在四面崖上挖窑洞，并在一边修一个长坡径道或斜洞子，直通土原面，作为人行道。“陶复陶穴”中的“陶穴”即为这种下沉

图1-11　庄窑

图1-12　箍窑

式地坑庄。这种窑洞实际上是地下室，“冬暖夏凉”的特点更为显著。

(3)箍窑，又叫独立式窑洞，它一般是用土坯和麦草黄泥浆砌成基墙，拱圈窑顶而成。窑顶上填土呈双坡面，用麦草泥浆抹光，前后压短椽挑檐，有钱的人还在上面盖上青瓦，远看像房，近看是窑，用长方形或正方形石块箍的窑洞称石箍窑。(图1-12)

从以上几类可以看出，无论哪种窑洞都与地质条件有极其紧密的联系，没有良好的地质条件，根本建造不出窑洞。地坑院作为窑洞的一种，即下沉式窑洞，无论在地质条件上还是在建造技术与工艺上，都与黄土高原上的其他窑洞形式极其类似；同时地坑院在做拦马墙时又与其东部平原地区瓦房的建造方法相类似，故此可以表明三门峡地坑院是在充分借鉴黄土高原其他形式窑洞的建造模式基础上，综合自身地形特点而建造的，又吸收了平原地带瓦房建造装饰工艺而形成独具特色的民居建筑。

4.经济因素对地坑院民居的影响

经济因素是人们选择地坑院最主要的原因之一。

在中国古代历史中，黄河流域，尤其是古都洛阳和西安之间的处于关隘之地的豫西地区，向来是军事要塞和兵家必争之地。战乱造成该地区人民生活贫困，加上这里缺乏先天自然资源，生产工具陈旧，自然灾害频繁，粮食产量低而不稳，多数劳动人民过着半年糠菜半年粮的贫困生活，居住建筑条件自然就没法去讲究。

地坑院的修建可以就地取材、易行施工，没有特别的技术要求，只要挖土方即可，再简单购买一些必要的门窗和砖石，趁冬季农闲时，在亲朋好友的帮助下多出点力气就可完成，大大节省了开支，造价低廉。此外，本地农民主要种植冬小麦和夏玉米，小麦、玉米的收打晾晒需要占用面积较大的场地，这种地下住人、地上打场的民居建筑很受欢迎，所以为广大劳动人民所接受。

5.历史因素对地坑院民居的影响

众所周知，三门峡地区有6 000年前的仰韶文化，又是古代虢国所在地，同时又介于东西两古都之间，又有千年的崤函古道，因此该地区可谓是东西出入的要塞之地，故历代战事多会波及此地。兵荒马乱、战事频繁给当地人民造成诸多不利的影响，故求生存、防战乱是中国古代民居建筑时必须要考虑的一个重要因素。

三门峡地区的地坑院在最初建造的时候也具有保护自己，防御战乱的功能。这是经过研究地坑院地形并实地调研当地老农而得出的结论。地坑院四方挖土，其挖土较深，从地上进入坑院必须经过通道，而通道若关闭，想进入院内是很困难的，颇有“一夫当关，万夫莫开”之势。另外，地坑院是建造在地下的建筑，是“进村不见人，见树不见村，闻声不见人；人在地上走，树在脚下摇”的奇特景观，因此在匆忙的古代战乱中，无形之中也为避开兵马起到了隐蔽的作用。（图1–13）

图1–13　地坑院，贠更厚摄影

第二章 地坑院民居的物质形态

一、建筑类型　二、聚落空间
三、建筑布局　四、建筑空间特点
五、建筑构成要素　六、建筑结构

在我国民居建筑中，地坑院最为独特之处，是它完全隐藏在地面以下，是一种“负建筑”。窑洞民居主要可划分为三种类型：靠崖窑、地坑院和锢窑，地坑院是其中一个重要的类型，也是窑洞民居总体发展中较高阶段的产物，具备了生态建筑的特点。地坑院造就了人类群居于地下的奇特生活方式，形成了“地平线下的村庄”，构成了一幅“人在房上走，闻声不见人，进村不见房，见树不见村”的奇异生活景象。

一、建筑类型

地坑院民居在实际的使用中，逐渐发展并形成了很多不同的类别。

1.按窑屋孔洞数划分

窑院占地面积，大的有一亩九分地（1亩=10分约为666.67m^2，余同），小的近一亩。坑底到地面的高度多为7m左右，院内四面建窑屋，当地人称其为“孔”。地坑院可按窑屋孔洞数量的不同，分为8孔窑、10孔窑、12孔窑，也有6孔窑、14孔窑等类型。孔洞数量越多，地坑院通常越大，具体主要由居住人数、宅基地大小、经济能力等要素决定地坑院的规模及孔洞数。

2.按主窑的位置划分

地坑院营造中的方位选择深受传统风水理论影响，与阴阳八卦密切结合：按照罗盘中围绕阴阳鱼的八个方位，决定出院落的形制和类型。地坑院内各个窑洞按使用功能可分为主窑、客窑、厨窑、牲口窑、茅厕、门洞窑等。地坑院依据主窑洞所处的正南、正北、正东、正西不同的方位可以分为东震宅、西兑宅、南离宅和北坎宅四个类型。这4种类型的地坑院还涉及传统命相理论，在考虑

阴阳八卦的同时，还要考虑宅子与宅主的命相是否相生。

东震宅的朝向最好，窑院呈长方形，凿窑洞8孔，南北各3孔，东西各1孔，门为正南方，厨房设在东南；南离宅的窑院也呈长方形，共凿窑8~12孔，门在正东方，厨房设在东南；西兑宅也称为西四宅，窑院呈正方形，凿窑洞10孔，东西各3孔，南北各2孔，门走东北方，厨房设在西北；北坎宅的窑院为长方形，凿窑8~12孔，门走东南方，厨房正东。（图2–1）

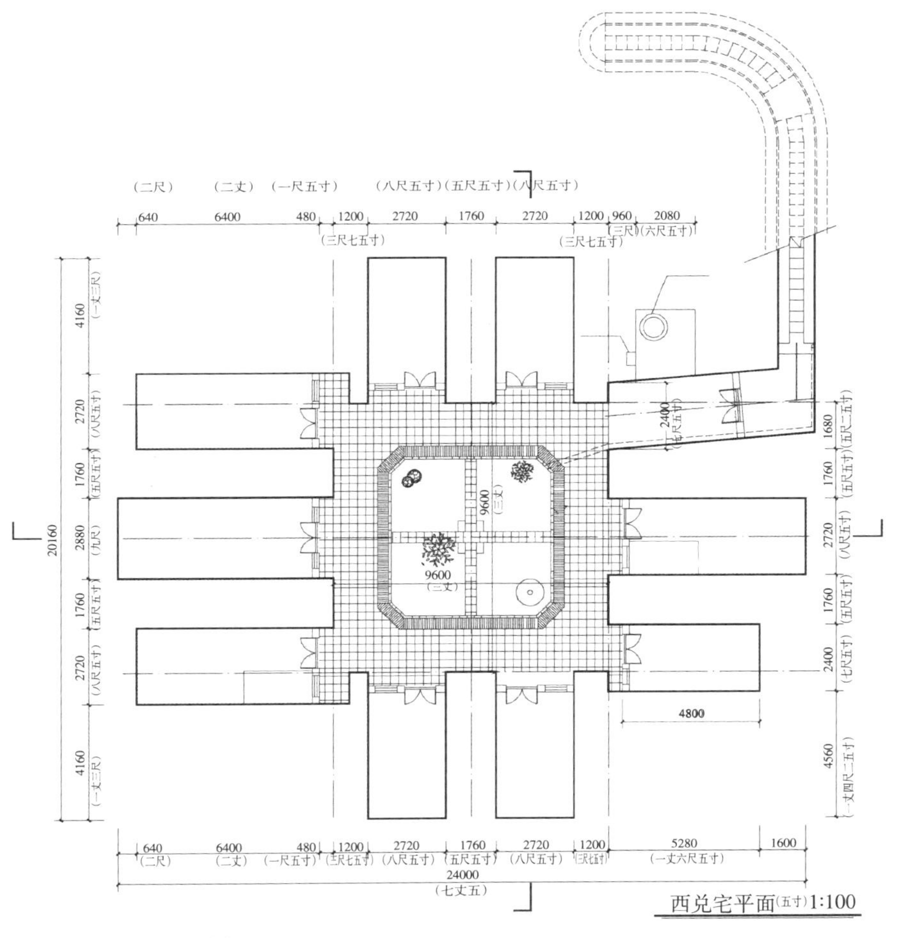

图2–1　西兑宅平面

3.按窑顶起券的形状特点划分

窑洞拱顶式的构筑，按照力学原理，将顶部压力一分为二，分至两侧，重心稳定，分力平衡，具有极强的稳固性。为了住着放心，也往往在窑洞里用木担子撑架窑顶。经过几辈人，风雨过来，几易其主，修修补补，仍不失其居住价值。

按窑洞顶部起券的形状特点可分为尖券窑（即双圆心券）、圆券窑两种。其中三门峡地区以尖券窑为主，洛阳、晋南等地区以圆券窑为主。（图2-2 、图2-3）

图2-2　尖券窑

图2-3　圆券窑

二、聚落空间

“聚落”在古代有“村落”之意,《汉书·沟洫志》记载:“或久无害,稍筑室宅,遂成聚落。”传统聚落是中国传统社会结构组成的基本空间单元,是人们聚居、生息、生产活动的居住空间,它的结构、环境、风貌和文化是对当时社会历史的反映。

1.聚落选址

通过地坑院实地调研,我们了解到豫西村落选址从古至今有很大的不同。聚落选址须考虑水源、田地、交通和植被等资源利用

的便利性。在黄土高原上，饮水是一个很重要的问题，而黄土高原地区的水源多分布在沟壑里面。

古代地坑院民居的选址常集中在黄土高原沟壑里面或塬上边缘处，因为古代受技术条件的限制，不可能在塬上打出深水井，居住在沟壑里就近取水就成为必然，逐水而居成为当地一个典型的聚落特点；如果村落选址在冲积沟壑里，就仿佛有了天然屏障，即使在塬上居住，也常常选择在沟壑旁边，并在塬上一边垒砌起很高的寨墙来作为防御，以躲避战乱和匪寇的侵扰。

到了现代，村落选址则主要在平坦的塬上地区。这里肥沃的土壤为人们的生产生活提供了良好条件；适宜的温度和丰富的光能资源可满足各种作物生长发育需要；方便的交通为人们的出行和交流提供便利。这些优越的外部自然环境保证了聚落的可持续发展。生活安定富足后，人们之间交往增多，希望交通更加便捷畅通，加之挖深水井也很容易，村落普遍开始向塬上搬迁，在那里挖建地坑院。目前，豫西现存地坑院主要建造于这一时期。（图2-4）

图2-4　平坦塬上的地坑院

图2-5　窑洞村落

2.聚落类型

以豫西陕县为例，这些聚落共同的特征就是同属地缘型聚落，即村落形状随着地形顺势自然而成，村落中心不明确或多中心格局。表现在聚落形态上有以下几种类型(图2-5)：

①直线型村落：在平坦的塬上，有许多冲积出来的小的浅的沟壑，这些地方具有平原和沟壑两种地貌的特征，可利用的资源最多。窑居聚落顺应这种沟势，因地制宜地发展。例如张村乡东沟村，它依靠山坡形成沿沟壑陡壁毗连布局。

②弯曲型村群：这种村落形式多是沿断崖布置村落，因为沟壑弯曲，窑洞群也随着弯曲而形成弯曲的布局类型。有时在沟壑

转折处会出现各式各样的布局形式。

③随着社会的发展,聚落形态相应发生变迁,原来住在沟壑里面的居民开始向塬上搬迁,逐渐形成有特色的地坑院聚落。村落形态也表现出不同特点:有沿道路成排布局、沿塬上浅沟两边自由布局和散点布局三种形态。一般户与户之间相隔一定的距离(15~20m),这种布局类型,在地面上看不见村落,形成潜掩型空间。“村村土中掩”就是对这种类型的描述。

3.聚落规模

豫西最大的地坑院村庄有4 000多人,最小的有200多人。一个村子里的地坑院在100座左右,最多达280座。一座地坑院占地,最大的2.5亩,最小的1亩。地坑院之间一般间隔12m左右。

村落的公共建筑较少。以往村落中的祠堂、庙宇曾是村民精神寄托之处, 而现今大多数已仅存残断的墙垣和坍塌的梁架,甚至遗迹全无,只有通过老人们的讲述来想象昔日的景象。随着村落的扩建,村委的办公室、广播站、图书室,以及村落的小学校等公共建筑大多采用地上建筑的形式,成为窑居村落的新中心。

村庄整体排水是在原始地势基础上,结合村庄布局,借路网进行有组织排水,最终将天水排入塬侧沟壑。局部排水不畅处加以明沟排导,下大雨时,雨水便能很快排走。

在绿化方面,由于窑洞顶部不能有任何植物。树根太深、太广对窑洞有破坏,因此树木都栽在村庄四边,距离地坑院较远,不会对窑院产生破坏。(图2-6)

豫西地坑院其建造方式决定了空间的特殊性,窑洞围绕地下院落分布,给人们提供静谧和温馨的生活场所,满足了居住者饮食起居、人际交往的需求。村庄里各个地坑院间的排列形式比较自由:建筑布局多为点式分布,也有“自上而下”的规划性地坑院村落,这些村落结构较为明显和规律。

图2-6　地坑院顶地面

地坑院院落基本上都为“矩形单元”，故而在平面组合上有两种形式：相接和相交错。但在实际中以相交错形式为主，究其原因与风水和易经中“气”的理论有关；村落中的道路分布也比较随意，除了地坑院和地上砖混房屋的活动场所、生产生活场地，被称为“道路”“广场”，它们之间没有明显的界限；村落与自然空间交界处为古寨墙，在古代为防匪盗而建设，随着时间的流逝，多数村落古寨墙已经不复存在，但也有很多保留了下来，成为历史的见证，如张汴乡窑底村。

三、建筑布局

考虑到风水理论，地坑院类型不同，建筑布局也有不同。此处主要介绍地坑院建筑布局的共性。

1.地坑院选址

豫西村民对地坑院基地的选择十分讲究。人们认为,地坑院的建造是关系到家庭兴衰的大事,因此在动工之前的选址中,必定要请风水先生看宅子、造地形、定坐向、量大小、下线定桩、选择吉日动工。

地坑院选址的基本要求是黄土层要厚;地下水位要低;主宅所在地势要高;不能建在低洼处;后边靠山为好。故地坑院一般都选择宅后有山梁大塬的地方,谓之“靠山宅”,意思是“背靠金山面朝南,祖祖辈辈吃不完”;而很少选择临沟、无依无靠的地方,这样的地方被称作“背山空”,寓意“背无依靠,财神不到”,很不吉利。(图2-7)

地坑院在建造过程中,受阴阳八卦的影响也很深。在动工前,必定要根据宅基地的地势和面积,按照阴阳八卦的方位决定院落的形式。依据主窑洞所处的正南、正北、正东、正西不同方位朝向,地坑院分别被称为东震宅、西兑宅、南离宅和北坎宅。其中,东震

图2-7　地坑院动工

宅被认为是最好的朝向，很多人家喜欢选择这种朝向。同时还要兼顾《易经》学说，考虑宅院与宅主的命相是否相生。

2.地坑院的布局

从建筑形态来看，虽然许多窑居聚落历经了百年的发展，但单体建筑无论是平面空间形态，还是立面处理都无明显变化，始终保持着一定风格。

地坑院院落布局多呈四合院式，形状有方形和长方形两种，尺寸一般是12~15m，院深6~7m。在坑的四面垂壁上挖出水平状的窑洞和斜坡状的坡道（或台阶）入口。坑口的四周通常设置低矮的挡墙（当地称作拦马墙）防止雨水倒灌和人物坠落。坑口的周围地面（窑洞顶部）需要经常碾压平实，防止植物生长，并进行找坡排水，以便保护地坑院。（图2-8）

普通的地坑院每个占地约1亩，设施齐备，可满足日常起居需要。根据使用要求，设有8~12孔窑洞，分别作为主窑（长辈居住）、下主窑（客人居住）、侧窑、角窑、门洞窑、茅厕窑、牲口窑。院落作为生活使用的主体，周边环以甬道；中间院心可种树、栽花、种菜，院落内挖有渗井一个，供排放雨水和生活污水之用，凡遇大雨时，又可通过池内一处的排水孔，排出积水。

窑院的入口是在窑院一角的一孔窑或正中一孔窑挖出一个斜向弯道通向地面，作为居民出入院子的门洞。地坑院入口坡道有直进型的，有曲尺型的，也有回转型的。门洞窑中常设有取水井，外部设有住宅外门和联系地面层的坡道或台阶。（图2-9）

地坑院窑洞功能使用排布依照传统伦理秩序：门洞正对的窑洞是正窑即主窑，主窑居中，最为高大敞亮，供院中的最高长辈所居住。其他人员，按辈分和长幼，以主窑为中心，按左上右下即古代昭穆制度规定依次排定。厕所窑、牲口窑（也称五鬼窑）设在距主窑最远的对角方位。

图2-8　拦马墙

图2–9　地坑院入口坡道

四、建筑空间特点

1.“减法”特点

地坑院是民居建筑史上一种逆向思维的产物，它利用黄土构造特征下沉式地挖掘，使得建筑与大地融为一体，地面上几乎看不到形迹，这与普遍通用的上竖式材料垒砌，矗立在大地之上的建筑，风格迥然不同。

地坑院是通过在黄土层中向下挖出土方而形成院落、门洞和居住空间（窑洞）的。从建筑学的角度看，用的是以“减法”形成建筑的手段。造型手段完全不同于常规建筑。从窑顶（塬上）看，地坑院除低矮的拦马墙外没有任何突出物，但走到坑口近旁或下到地坑院中，完整的合院式造型又非常明确，因此它的空间非常有特

点，常被称为“地平线下的村庄”。

2.四合院的特点

地坑院被称作“地下四合院”，是因为它的平面布局和四合院民居的平面布局有很大程度的相似性。

四合院民居是我国古老、传统的文化象征，它的布局是以南北纵轴对称布置和封闭独立的院落为基本特征的。顾名思义，“四”指东、西、南、北四面，“合”是指合在一起，形成一个“口”字形。（图2–10）

地坑院的平面布局亦然，四面的窑洞围绕下沉式庭院呈向心式排布，门（入口坡道及门）、院落（下沉式庭院）、院墙（拦马墙）和房子（各种窑洞空间）的布置秩序井然，主次分明，形态完整。

图2–10　四合院特色

3.窑洞式特点

地坑院的主要生活及使用空间均为窑洞，与普通窑洞的造型和修建要求是一致的。窑洞里大都用土坯垒成火炕，冬天烧火做饭取暖用。家家户户的地坑院里都栽有桐树、梨树，很多院里还种有花卉，春夏秋三季都有鲜花盛开，置身其中有一种宁静的农家情调。（图2-11）但它又是群体组合式，布局严谨、格局完整，基本以中国传统的四合院（以及其他形式的合院）形式，以窑洞为基本单元，将它们有秩序地组合起来，无论僻壤闹市，均体现了汉族居住模式的基本特征。

图2-11　窑屋室内

五、建筑构成要素

1.入口

下沉式地坑院落的入口多以坡道的形式连接庭院与地面，在地面入口处，讲究的大户人家可能会建立一座门楼作为标志物，但大部分地坑院的入口往往都是直接进入地下院落。（图2-12）（图2-13）

入口的下沉式坡道，一般宽1.3~2m，有的也设计成台阶，平面上多为曲线形，以避免坡道起点距地坑院太远；坡道中在转弯的地方往往设置影壁佛龛等物，这也是入口的主要标志物；快下到坡道底部时，设置地坑院拱券式大门。大门所在壁面及坡道侧壁

图2-12　地坑院入口

图2-13　地坑院入口

常用青砖包砌，顶部收头及大门周边装饰类似窑脸的做法，但尺寸和装饰有所缩减。

2.窑脸

与突出地面的通常建筑形式完全不同，地坑院建筑的主要造型集中在地坑院四壁（当地人称为窑脸）：窑脸的下部为护脚，中部为窑口券饰和门窗，顶部为檐口和挡墙（当地人称为拦马墙），此种做法当地人称为“穿靴戴帽”。有防水、构造加强和装饰双重功效。在建造时，要求窑院整体色彩、质感搭配和谐，质朴清新，具有淳朴、自然的生活气息。

窑洞口的高度约占窑脸高度的一半。窑洞口上部尖券部分常用青砖衬砌（侧砌）宽边及外凸线脚，有保护和装饰的作用。窑腿部分用青砖包砌高50cm左右的护脚，有加强窑腿、防止雨水飞溅破坏的作用。上部接近坑口处设置檐口，用砖出挑约5层，上设小青瓦屋面。整个出挑25cm左右，可以防止雨水直接冲刷窑脸。檐口与拦马墙浑然一体，是窑脸装饰的重点。窑面上除砖瓦包砌以外的其他部位均涂抹麦秸泥（掺加短麦秸和麦壳的黄泥）。质感温暖质朴，造价经济有效，维修便利，建筑材料对比强烈，又很协调。

“一门两窗”和“一门三窗”是典型的两种窑脸立面形式。窑门多为一门双扇，以槐木、椿木为主，油漆多用黑漆带红线的色彩，在门的一侧留有锅腔和土炕的烟火道。窗户是方格状，裱糊白纸或安装玻璃，节庆时贴窗花。这两种形式已经固化，为人们普遍接受，故黄土高原窑居聚落无论从外观形象还是室内布局上都具有十分统一的风格。在此基础上，各村各户的宅院又因地势、风水、经济能力、主人喜好等因素的不同而于细微处出现多种独特形式。（图2–14）

3.拦马墙

地坑院建造时，会于地面部分四周砌一圈青砖矮墙，俗称拦

图2-14　一门三窗（左）和一门两窗（右）的窑脸

马墙，也称女儿墙。

拦马墙四周闭合，高度稍低，为30~50cm，有土质的，也有用青砖砌筑的。

拦马墙功能有三：一是为了防止雨水冲刷脸墙；二是为了防止窑洞顶上的行人和牲畜失脚跌崖；三是建筑装饰需要，使整个地坑院看起来美观协调。它是窑洞民居的顶部天际线，而拦马墙以下与窑脸墙接触部位又有保护墙体的檐棚，山区有用天然石板做檐板的，也有用青瓦和板瓦做成檐棚的，拦马墙既有砖石实砌的，也有通花图案组成的。主窑所在方位的拦马墙高度要加大3皮

砖，也增加砖瓦砌筑花式，以示强调和尊崇。（图2–15）

4.渗井

地坑院民居建筑最重要的技术问题就是排水、防渗。为解决院内排水问题，在地坑院院心偏角（一般东南角居多）挖一眼深4~6m、直径1m左右的水坑（井），坑（井）底下垫炉渣，上面用青石板盖上，主要用来积蓄雨水及排渗污水之用，有些地方，这些雨水沉淀后还要供人畜饮用。（图2–16）

5.马眼

每逢秋收，当地村民便在地坑院窑顶地面打场、晒粮，为了避免贮藏粮食时在地面和粮囤间不断往返搬运，聪明的住民们便想到在存放粮食的窑洞顶部开一个直通地面的小洞，称作“马眼”。

通过“马眼”，晒干的粮食可直接从地面灌入粮囤中，十分便捷。粮囤是用苇子编成的，在囤下铺一层约20cm厚的麦糠，粮食装

图2–15　拦马墙细部

图2-16　渗井

满后顶上再盖一层麦糠，最后用泥将囤顶封严，可储存粮食三年五载，不会腐烂变质。茅厕窑的顶部也开有一个“马眼”，一方面可以通气，另一方面可以把晒干垫厕的黄土直接灌入窑内。

6.窑洞

地坑院院落的正面一般开3孔主窑，也有开5孔的，通常保持为单数；窑院侧面的为偏窑，根据窑院的宽窄可开2孔或3孔；与主窑面对面的称“倒座窑”。主窑以居住为主，偏窑一般作杂窑，如厨房、贮藏、井窑等，倒座窑则常用做豢养牲畜及入口窑用，有的居民将厕所布置在倒座窑的一角。（图2-17）

主窑正中间的窑屋也称为“正中主窑”，是主窑及窑院中等级最高的窑，为长辈居住，子女住在正中主窑的两侧。陕西、甘肃一带的地坑院，正中主窑和两侧主窑在形式规模上几乎相同，没什么明显区分，但是豫西及山西的地坑院，正中主窑要比整个崖壁

面向前伸出1m左右，而且正中主窑的进深是整个窑院里最大的，以示等级不同。在主窑窑内的尽头(称为窑底)一般设有祖宗牌位,节令时人们在此祭拜。

凡是居住用的窑洞都设有火炕，火炕位置在一进门的窗下，光线明亮而温暖。主人平常在火炕上日常起居,客人来了也会被邀至火炕上就座。在窑洞洞内火炕一侧内部依次设有案板、水缸、瓦缸;火炕对面一侧放置桌椅、洗脸盆、木床、柜子、木箱等;家具油漆用色通常以黑、红为主;窑洞内贴近火炕的位置经常贴有炕围子,美观整洁,实用价廉。地坑院窑洞内部空间简洁,墙面基本上用麦秸泥刷糊,也有的涂抹白灰泥。装饰集中在门窗、窗花和炕围上。窗户上常有窗花贴纸,从窑洞内观看,富有剪影效果,生活趣味浓厚。门窗上也常见门神和对联。(图2-18)

图2-17　地坑院院落正面

图2-18　窑洞室内布置

六、建筑结构

地坑院的构造体现了人们在长期实践中积累掌握的力学知识和对黄土受力特性的认识了解。窑洞内的高度与其上面覆土的高度大体相当,窑洞顶部为拱券,受力合理;整个窑院的深度不超过8m,土方工程量也不至于过大。

1.黄土特性分析

豫西是黄土层最发达地区,这里地质均匀,连续延展分布,构成完整统一的地表覆盖层,黄土厚度在50~100m,土壤结构坚实紧密。黄土是以石英构成的粉状沙粒为主要成分,另含一定量的石灰质等多种物质,颗粒小、黏度高,抗压强度和抗剪强度好,具有

图2–19　黄土地质

良好的整体性、稳定性和适度的可塑性，特别是河南豫西地区分布的离石黄土和马兰黄土，既易开挖，又有良好的耐久性。（图2–19）

2.窑洞承重与受力分析

按窑洞的通常尺度，窑洞的受力可分为静荷载和动荷载两种。静荷载指窑洞顶部黄土重量及其他固定物体重量；动荷载指人的走动荷载、石磙碾压荷载及晾晒粮食等荷载。

窑洞主要靠在黄土内部经开挖顶部形成的规则拱券来承受压力；窑洞两边的墙体俗称"窑腿"，窑腿也是窑洞的主支撑结构之一，主要承受压力和推力；通常，从院底平面向上，顺着窑腿至窗下还要砌一层砖，俗称"间脚"，间脚既可以加固窑腿提高承载力，又可以防止雨水侵蚀土壤保护窑腿。窑隔和门窗为非承重结构，主要起分割内外空间的作用。

另外，地坑院的四面垂壁建造时通常略带斜度，这样可以防止坍塌，以利稳定；建造时还要控制券的形状，使受力更合理，同时也能使窑脸的外形显得更为轻巧、美观。（图2-20）

图2-20　窑洞内壁

第三章 地坑院民居营造技艺

一、建筑的设计

民居建筑是没有建筑师的建筑，它是一项工程，却带着成熟的实用性和独特的艺术特色；它因地制宜而生、随着民间智慧和审美的发展而成长，直至发展为技术成熟且带着浓郁当地文化特色的建筑。

同理，地坑院是窑洞民居历经数千年发展而来的一个高度成熟的建筑形式，它的营造技艺也体现着顺应自然、经济实用、朴实含蓄的设计法则。先辈们利用具有针对性的环境条件（深厚、易于挖掘、含水率不高的黄土塬）和简单易行的修建技术，创造出冬暖夏凉、防风避沙、宁静安全的人工微环境，作为休养生息、繁衍后代

图3-1　地坑院生活照

的家园，其选址和布局符合阴阳五行学说和伦理道德秩序，也强化了家庭整体意识，创造了团聚和谐、内外有别的家居模式。（图3–1）

1.经济性

豫西地坑院采用当地材料、适用技术和群体互助的修建方式，不需借助外部资源和技术，因而具有极好的经济性。用当地人的话讲：只要有合适的地方和劳力，基本上不用花钱。其施工也多在农闲时（如冬季）进行，整个地坑院的修建，可以根据家庭对使用空间的需求和劳力情况，在几年中分期进行，既很经济，也有操作上的灵活性。

2.耐用性

豫西地坑院虽然使用的是低技术，但却经过了千百年的反复试验和锤炼，技术成熟，地域适应性极强。在日常的使用中也经常维护、修缮，不断更新。在厚重土壤的庇护下，地坑院很容易代代相传。在豫西调研中，我们看到百年以上的地坑院到处都有。这种看似简陋的生土建筑，其耐久性相当可观。

3.舒适性

豫西地坑院完全传承了窑洞建筑的优点：冬暖夏凉，安全僻静，日照通风尚好，提供了相当怡人的居住、生活条件。地坑院的中心院落还提供了足够的户外活动场地，在使用上很有灵活性。地坑院的整体化形态也强调了家庭意识和伦理秩序，满足精神需求。

二、建筑的施工流程和做法

地坑院的营建涉及土工、泥工、瓦工、木工等行当，还有风水师的参与。完全由业主自行组织人员实施，技术全部来自当地民间人士，不需要借助外来资源；所用材料（除少量使用的砖瓦外）和工具依靠本地出产，被国外学者称为“没有建筑师的建筑”的范例。营建过程和传承方式非常独特，也很罕见。

营造地坑院的基本流程为：

1)策划准备 →2)择地、相地 →3)定向、放线 → 4)挖天井院、渗井 →5)挖入口坡道、门洞、水井 →6)挖窑洞 →7)砌筑窑脸、下尖肩墙、檐口、挡马墙及散水等 →8)修建散水坡、加固窑顶；修建窑顶排水坡、排水沟 →9)安门框、窗框、扎窑隔 →10)粉墙 →11)地面处理 →12)砌炕、砌灶，制作、安装门窗 →13)装饰细部。

在营建地坑院的每个流程中，都凝结着劳动者无限的智慧，逐渐形成了看似简单、实则精妙的技艺。

以下对于每一个基本流程的施工特点、施工方法、施工工艺，按先后顺序叙述如下：

1)策划准备

地坑院一般由宅主人自己提出营建要求，找村长或族长进行商议，取得支持和认可后，便可以着手开工准备工作。整个建造过程由宅主人自己充当策划组织的角色，进行材料和资金筹备、人力组织、项目操持等事务筹划和相关准备活动。

2)择地、相地

宅主人根据自家需要确定要建窑院的规模，初步选择合适地块作为窑院用地。或用双倍面积的耕地换取想要的宅基地。根据窑院的不同规模，每个地坑院所需用地1~2亩。在整个村庄规划上遵循左昭右穆的封建宗法制度。

3)定向、放线

地坑院的建造需要与地形、地势密切结合，并符合风水学的原理，营建前需要聘请风水先生来进行勘测、定位、定向，确定窑院类型。整个定向、放线工作，基本有3~5人即可，包括风水先生、

宅主、帮忙人员等，一般半日即可完成。主要步骤如下：

（1）根据地形地势确定地坑院类型：风水先生首先会观察周围大的地形地势，根据风水理论确定地坑院类型，按主窑所在方位，确定该地坑院为东震宅、西兑宅、南离宅、北坎宅中的一种。然后针对局部小地形进行微调建议。

（2）用罗盘定向：地坑院的整体轴线方向由罗盘根据地磁确定南北、东西方向。在基地中心选取一点，放置罗盘，测出南北方向。古时封建社会为避皇宫皇权之讳，地坑院不可完全于正南正北方向营建，会由风水先生根据周围地势、道路、相互建筑关系提出一定的偏角建议（该偏角一般范围在5°~22.5°）。经宅主认可后，即可选择宅向及定位。总的来说，就是风水先生在综合考虑周边环境、影响因素、宅主意愿，经过测字等程序，并与宅主协商后，最终确定地坑院轴线方向，并用线绳、木桩加以确定。

相关程序完成后，宅主要用手帕包裹礼金（不可露出数目）送给风水先生，以示感谢。

（3）用方条盘定直角：接下来，以罗盘所在位置为中心，垂直于已定轴线方向再拉一条线绳。该直角由当地家家户户都有的、一般用于吃饭时上菜用的方条盘（或青砖等有直角的物体）来确定。

（4）用土尺测量数据：以两条轴线交叉点（即罗盘所在位置）为起点，用当地特有的土尺分别在四个方向上，沿着线绳量出所营建地坑院的尺度大小。（图3-2）

（5）用木桩定点：用斧子把预先准备好的木桩打入确定的四个点上，以使该点明确、固定。（图3-3）

（6）用条盘直角法定地坑院四角角点：将四个方位上的木桩依次用线或绳联结，在两个木桩间调整线绳向外方向移动，直到用方条盘测出一个直角为止，该直角角点即为地坑院院子的角

图3-2 使用清代土工尺子

图3-3 用木桩定点

点，用木桩加以确定。依次测得其他三个角点。（图3–4）

（7）用对角线法测量偏差、调整：地坑院院落的四个角点确定后，用线绳连接对角线，根据对角线长度相等的原理检查院子是否方正，不方正的加以微调、校正。（图3–5）

（8）用铁锨、白灰、木棒撒白灰线：沿着连接地坑院四个角点木桩的绳线方向，用铁锹铲着白灰，用木棒持续敲打铁锹，沿线撒下，完成定线工作。（图3–6）

4）挖天井院、渗井

定向放线工作完成后，便可以开始选吉日挖天井院。挖天井院是整个工程中出土量最大的工作，按一般天井院规模，需挖出600~1 000m^3黄土。挖土工作对技术要求不高，一般宅主及家人可以自己干，也可找亲戚、邻居帮忙。故地坑院的建造多是利用农闲时节，参与人手也在变化中。具体分为下列几个步骤：

图3–4　用条盘直角法定地坑院四角角点

图3–5　用线绳连接对角线

图3–6　撒白灰线

（1）祈祷仪式：在动工前，宅主要选择吉日吉时进行祈祷。吉日吉时由风水先生确定，吉时一般选在早晨天未亮时，宅主人在宅基地上摆一条长凳，上摆祭品，上香三炷，向主宅方向跪地祷告，口中默念："我叫×××，家中几口人，原来住在××乡××村××街。现要在此处建宅院，希望土地爷多多保佑！"向土地爷祷告的特有仪式，反映了地坑院比一般地上建筑与土地关系更为密切，也同营建和使用过程中与人的生命安全密切相关。（图3–7）

（2）动工仪式：祈祷仪式结束后，风水先生会选好吉日吉时作为动工时辰。有的家庭还会举行仪式，由宅主人在中心挖一锨土，表示破土动工。再分别在地坑院四角及中心各挖三锹，以示正式开工。这既有敬天敬地、隆重之意，也有了解用地土质分布情况及均匀度的目的；还有的按白灰线向内偏移1尺（1m=3尺，余同）多直接开挖。（图3–8）

（3）根据放线及施工控制标志，开挖浅层土：浅层土指地下2m以上区域。此区域与地面高差小，土层也较疏松，可以使用铁锹、镢头、镐等一般农具，采用简单的手工上扬送土，也可以使用扁担、箩筐、板车采用人挑、车拉等手段清出地坑院内黄土。参与人员根据宅主安排，最多可50人，按4~5人一组，分组配合挖土和清运。（图3–9）

挖浅层土时一般需要注意：

刚开始挖时，边界线一定要控制在白灰线向内偏移一尺多，等天井院基本成型后再进一步修整。这样一是有利于在挖的过程中放坡，保持边壁稳定，二是有利于在挖的过程中遇到边壁土质不均匀、有突起物或其他不平整情况的处理。

挖天井院时，边壁一定要放坡保持稳定。根据土质情况，坡度一般控制在3°左右。

挖土人员的数量安排：挖浅层土时，因为使用工具基本都是

图3-7　动工前祈祷

图3-8　破土动工

图3-9 开挖浅层土

一般农具，不受工具数量限制，再加上挖浅层土时施工方法简单，所以挖土人员的数量不限，可1人单独挖，最多也可由50人一起挖。

挖出的土可用于调整地坑院周围地形：地坑院的类型是由风水先生根据周围大的地势而定，有时局部地形需要调整，如增加地面坡度、高差，填平坑凹之处，这时可利用挖出的土调整局部地形。（图3-10）

（4）根据施工控制标志，开挖深层土：通常地坑院深度为6~7m，最大深度不超过8m，挖深层土时除与浅层土一样，需要放坡保持稳定外，较浅层土有以下变化（图3-11）：

由于土质的改变，深层土较浅层土更为密实坚硬，开挖较为费时费力。

用到的工具开始改变。浅层土可用铁锹直接开挖，镢头、镐则用于处理局部坚硬处，而深层土的开挖工具主要用镢头、镐，铁锹一般仅用于铲土、装土，垂直运土时必须使用辘轳、箩筐。

图3-10　开挖浅层土

图3-11　开挖深层土

图3-12　绞动辘轳提土

施工方法也发生了改变。浅层土可以1人单独作业，而深层土开挖由于需用辘轳绞升出所挖的黄土，一般分组进行，通常5人一班。地面上至少需要2人，1人负责绞动辘轳提土，1人负责卸土。地坑院内至少需要3人配合来分别进行挖土、铲装和搬运工作。根据地坑院规模和参加人员，最多可同时安排10班人员同时进行，每日最大出土量通常能达到100m^3。根据人手情况，挖至窑院预定地面，需10~30天。（图3-12）

（5）确定天井院基本地面：当天井院挖至预计深度（6~7m）时，便开始初整地坪了。为了保持整个天井院地面的基本平整，首先需要对挖痕进行基本平整与统一，接下来要确定天井院地面的坡度。步骤主要是先用土工尺杆上的水准槽找平、找坡，然后将土工尺杆平置地上，一端对着渗井方向，往尺杆上的水准槽内注水，观察水面与水准槽面的差别，就能确定需要的坡度，最后根据坡度，整理地面（图3-13）。

（6）挖渗井：由于黄土本身具备渗透性，可以解决一般雨水天气的排水。为了在天井院遇到大雨时能够及时排水，应根据平面布局的位置，在院心某角设置渗井。其一般设在厕所窑前，比院心地坪低5cm左右，其汇水方向是院内的阴位。渗井直径在1m左右，深度一般与天井院深度相等，底铺炉渣。（图3-14）

渗井挖好后，井口盖上磨盘或石板或铁脚车轮，中间留孔，供排水用；井盖厚约10cm，一半露出地坪，阻挡泥沙流入渗井；在夏天雨大时可掀开盖子，加快雨水流入。天井院中的汇水面积大约为天井院面积和入口部分露天面积之和。大雨来临时，除院内黄土可以渗透一部分雨水外，渗井完全可以解决全年最大降雨量800ml的排水问题。据当地居民介绍，从未见过有雨水溢出渗井之外的情况。

5）挖入口坡道、门洞、水井

图3-13　确定天井院基本地面

图3-14　未完工的渗井

天井院基本挖好后，根据预先设计的位置，开挖入口坡道、门洞、水井。具体施工步骤为：

（1）在预备开挖入口坡道、门洞处的地面上用白灰放线。（图3–15）

（2）由入口坡道的两端同时开挖，即一组人员在地面上由外向内挖坡道明洞，另一组人员从天井院内部由内向外挖门洞暗洞，最后两组人员在转角处汇合。挖土工具基本与挖天井院时相同。（图3–16）

入口坡道门洞完工后可为人员进出和后续施工提供便利。挖土时要注意三点：一是随时根据经验和目测按放线位置调整方向以实现两者对接；二是初挖时比最终尺寸小半尺左右，以方便调整；三是坡道坡度基本按照预先设计的进行。（图3–17）

（3）挖水井：入口坡道、门洞基本挖好后，开始顺着坡道一侧，按预定位置挖水井窑。挖好后，安装辘轳，可以为施工人员和其他人员提供饮水水源。

6）挖窑洞

挖窑洞的顺序一般为：先挖上主窑、下主窑；再依次挖左边上窑、右边上窑，上角窑、下角窑、牲口窑、厕所窑等。

以西兑宅为例，这个步骤是：挖上主窑（西）—挖下主窑（东）—挖上北窑—挖上南窑—挖下北窑—挖下南窑（牲口窑）—挖上角窑—挖上角窑前空间—挖下角窑—挖下角窑前空间—挖厕所窑。下面以上主窑的开挖为例介绍施工工序，其他各窑的施工步骤基本相同。

（1）粗挖：按照崖面上要开几孔窑洞的计划，找出中间位置，根据窑的高度、宽度，用镢头在崖面上画出大致轮廓，刻出窑形，依形向深处挖掘。主窑一般是九五窑［高9尺5寸（1寸=10/3cm，余同），宽9尺］，其他都是八五窑（高8尺5寸，宽8尺），入口高度略低

图3-15　开挖入口坡道

图3-16　开挖入口坡道

图3-17　入口坡道在转角处开挖汇合

于上主窑。窑洞内顶部应呈现外高内低之势，一般落差半尺左右，这样利于出烟。窑腿宽度一般在1.5~1.8m，转角窑高宽和其他窑一样（图3-18）。

粗挖时要比实际设计尺寸每边略小10~20cm，准备遇到特殊情况时便于调整。粗挖出上主窑后，要停工一段时间（至少1个月），当地俗称“隔窑”。这样是为了散去土壤中的水分，也给出一定时间让土壤内部应力进行重新分配和调整，防止新挖好的窑洞出现裂缝和坍塌。

在一处窑脸上粗挖出一孔窑洞后，就应在对面或其他窑脸上挖窑洞，这也有利于整个地坑院所在土壤的内部应力进行调整、重新分配均匀，保证施工安全，也可使窑洞坚固、持久、耐用。挖窑洞时，如果日工作量要保持最大出土量在100m³左右，则需要5~7个人。因为土壤散水要求，不得不挖挖停停，这样整个窑洞挖好则需要1个月左右，而一个地坑院的完全建成常常需要经年时间

（图3–19）。

图3–18 窑洞粗挖

图3–19 开挖其他窑洞

（2）刷窑：地坑院毛坯成型后，这时通常要请有经验的“土工”用四爪耙来对地坑院进行尺寸精修和表面刷洗，以使尺寸精确、表面平实。依然按照粗挖窑的顺序，逐一刷剔各个窑洞。当水井窑挖好后，村民们马上会在窑壁上剔凿神龛，供奉土地爷。具体刷窑工序如下：

调整窑洞口尺寸：粗挖完成后，在券尖（中心）处垂吊一中心铅垂线作为施工标志，据此来调整窑洞口尺寸，使立面对称、均衡（图3–20）。

确定腰线位置：窑洞内部墙壁与拱顶交接处称为腰线，在窑洞内壁两侧，是窑洞内壁开始起拱的基准线，九五窑从地坪5尺5寸处起拱，八五窑从4尺8寸处起拱，拱的曲线由两根腰线和矢尖线控制，需要土工来操作。施工时根据立面上的券角（即发券点，立面垂直壁线与拱线处相交点）向内弹拉腰线定位。腰线不是水平线，窑口处腰线比窑后部腰线约高半尺，腰线与即将要形成的窑洞顶部券尖线平行，以保持券本身高度基本不变，也有利于券顶受力均匀。（图3–21）

在腰线处剔基准槽：施工时沿腰线用尖镐剔出基准槽，以此为基面精修窑洞墙壁和拱顶。基准槽位置即为腰线处，宽度为3~5cm，深度以调整粗挖窑形到实际窑形为准，一般是10cm左右。此时，只有基准槽和窑壁上的窑洞口是精确的。

刷窑：依据窑脸上的精确窑形和垂直于窑脸的基准槽，精修窑洞内部尺寸形状，一直到形状规整且达到预定尺寸为止。挖掘时如果局部有塌方，要先清除，然后用土坯填砌。

窑洞地面基本保持平整，从窑后部到窑前部有很小坡度即可。

刷窑面：用四爪耙刮刷窑脸，使其平整、规则、密实，此程序技术要求较高，多由有经验的土工来操作。有的窑院上口每边比下

图3-20　调整窑洞口尺寸

图3-21　确定腰线位置

图3-22　刷窑面

口尺寸多出约50cm,从而使窑洞四壁有一定的斜度(非垂直面),这样能保证窑院四壁更加稳定。(图3-22)

(3)掏挖气孔、烟囱:

掏挖气孔:刷窑完工后,在窑洞的后部,用洛阳铲从窑洞内部向上掏挖一个直径约10cm的气孔直通崖顶，用于改善窑内通风,也有利于排除潮气。掏挖时人员要戴上草帽等防护工具,以防止黄土溅到脸上、溅入眼中。掏挖完成后,要马上在窑顶地面上用黄土泥或砖将气孔围起来并高出地面加以保护，下雨时还用碗、盆或砖将气孔盖上。

掏挖烟囱:烟囱的位置一般在挡马墙正中的位置,往下直通到窑腿内。利用挡马墙作为烟囱上部防水,不仅省料而且美观。掏挖过程一般是按预定位置用洛阳铲从上往下掏挖,用线坠来控制垂直度,通常一个人用半天即可完成。(图3-23)

图3-23　挡马墙正中的烟囱

刷窑完工后，此时的窑洞已基本成型，可以居住了。

7）砌筑窑脸、下尖肩墙、檐口、挡马墙及散水

（1）剔挖：剔挖即用四爪耙在准备砌筑的地方，先将原有的黄土剔挖掉，留出凹痕。剔挖的部位包括：窑脸、下尖肩墙、檐口，包括入口通道处的内外两面窑脸、入口通道两侧的尖肩墙（比窑面上的下尖肩墙低，一两砖厚）

（2）砌筑：砌筑窑脸上窑洞口的券饰：窑脸上的窑洞口券饰平面弧形部分用青砖平裱，突出部分用砖横砌，有装饰和保护窑洞口部的作用，外面用麦秸泥抹光，定期维护。

砌筑下尖肩墙：下尖肩墙即“踢脚”，当地人也称作“根脚”，通常用青砖砌筑。主窑所在崖面根脚高约60cm，其他崖面根脚高约50 cm，厚12 cm。

（3）砌筑檐口：窑院四周均设置一致的砖砌檐口。檐口下边是五层砌筑：最下层为一组拔砖，向上依次是一组狗牙砖、一组跑砖、一组抄瓦和一组滴水檐。在四角转角处还多往下作几块砖，有美观和防止四角屋檐阴沟落水淋湿崖面的作用。檐口上边铺砌小青瓦，挑出崖面7~8寸，四角屋檐有排水阴沟。（图3–24）

（4）砌筑挡马墙：在窑院上口四周檐口外侧，会设置砖砌拦马墙。主窑所在一边高约50cm，其他三边高约35cm，均为一砖厚，并设有基础。主窑所在方位的拦马墙还多有砖瓦组砌的更精美的花式，以体现主窑尊贵地位。入口坡道两侧一般用砖直接垒砌即可。（图3–25）

8）修建散水坡、加固窑顶；修建窑顶排水坡、排水沟

（1）修建窑顶排水坡、排水沟：根据风水理论，由风水先生指挥调整窑顶地面地形，如主窑地势比其他窑地势要高一些。窑顶地坪上从拦马墙向四周找排水坡度，坡度一般为2%左右。四周做排水沟，将崖顶落雨排向周边空地或耕地，并与整个村庄排水系

图3-24　砌筑檐口

图3-25　砌筑挡马墙

统相连。用石磙碾平压实窑顶地面，局部角落用夯夯实。在平时，下雨后要及时进行碾压，用石磙或石夯旋转压实前进，使窑顶地面达到光、实、平，可防止裂缝产生、渗水破坏和杂草丛生。

（2）砌筑散水：调整好排水坡度后，在拦马墙外侧用青砖铺砌散水。为防止崖顶雨水向地坑院汇聚，保护拦马墙，散水坡度尽量做得大一些，约15%，尽量宽一些，约1尺半。（图3–26）

9）安门框、窗框，扎窑隔

窑顶地坪做好后，开始到地坑院内部扎窑隔，即窑洞口门窗所在的填充墙施工，当地人称“扎窑隔”，一般用青砖或糊琪砌筑，它比崖面收进约1尺5寸。填充墙一般与门框、窗框一同施工，具体工序如下：先按照设计在窑洞口放上门框、门枕，然后用青砖或糊琪砌筑窑隔，砌到窗的高度时，按设计位置放上窗框，直到将窑洞

图3–26　拦马墙外侧散水

口砌满。其中两个构造细节应该注意：一是在门窗上部的砌墙中间留方形孔洞，与窑洞后部孔洞一起排气除湿；二是门框、窗框四角均向水平方向伸出约10cm，砌到窑隔内部（有的插到窑腿内），加强门窗与窑隔的整体性。

这里要特别介绍一下糊琪：糊琪是一种古老的土坯砖，用黄土、碎麦秸、水，通过特制工具打制而成。其形状宽大，扁平，长1尺2寸，宽8寸，厚2寸。常见于豫西、陕西关中等地。（图3–27）

它的制作方法是：精选黄土，筛除杂质，淋水至潮湿，混合均匀，焖上两天后，开始打制。选择平地或石板，撒上干土或草木灰，防止糊琪与底模粘连，在上面放上木制、可开合的模具（当地人称作'糊琪壳子'）。用铁锨铲入焖好的潮土，用专用的糊琪杵子捣实。当地有施工口诀，每块糊琪要"三锨一模子，二十四杵子，打三遍"。糊琪杵子有大杵（圆头）、小杵（平头）两种。捣糊琪时先捣四角，再捣中间。因土为潮土（不是湿泥），有一定强度，捣实后即可打开模具。稍晾后即可翻起，侧立晾透，即可使用。（图3–28）

10）粉墙

粉墙是指在窑面上用白灰或麦秸泥涂抹一层，有保护窑面不受雨淋和增加美观的作用。主要工序为：

和泥：在一堆黄土上撒上一定量麦秸或麦萸，中间刨坑浇水，用铁锹和锄头、二齿耙等工具和匀，边和泥边观察材料比例和稀稠度，主要靠经验确定。

运泥：自制泥兜子或泥盒，有时也可用脸盆等，将和好的泥运到涂抹的地方。

粉墙：泥工一手用泥板托起和好的泥，一手用泥抹子从上到下涂抹窑面。一般要经过三遍涂抹，经目测找平。每一遍的间隔时间一般为1天，以便于各粉刷层的连接。

11）地面处理

图3–27　糊琪模具

图3–28　做好的糊琪

地坑院位于地下，黄土的湿陷性又很强，因此排水体系特别重要。地面处理一般有两种：黄土夯实地面和铺砌地面。两种处理在坡度上基本相同，不同的只是材料，下面重点以铺砌地面为例介绍地坑院的地面处理。

（1）窑洞内地面：窑洞内多做砖砌地面，以隔离潮湿。地面从窑洞尽头向口部微倾。用尺杆上的水准槽找坡。

（2）入口、坡道、台阶、门洞地面：地坑院入口坡道形式多样，坡度根据地形也有差异。坡道宽度4~6尺，有护壁、根脚，四面做高，防雨水倒灌。平面有曲尺和曲线形，旋转而下。但地面处理一般都分为以下几个细节：

入口处坡道起点（与崖上地面交接处）常有翻边，比窑顶地面略高，防止雨水倒灌，在防水方法上以“堵”为主。（图3-29）

坡道多见中间设台阶，两侧为坡道。也有整个都为坡面的处

图3-29 入口处坡道起点处的翻边

图3-30 院内环行通道地面

理。一般在一侧有排水沟(明沟或暗沟),将露天坡道的水汇集流向院内渗井。坡道一般用碎石、砖瓦、卵石等材料将坡面做粗糙,以便防滑,坡面也会向排水沟处略倾斜,以利排水。

门洞内地面坡道坡度一般比露天部分的小,中间不做台阶,水井的对面一侧有排水沟,地面材质处理可与坡道相同,也可与窑地面相同。

(3)院内环行通道地面处理:院内环形通道主要用于交通,沿各窑洞口绕行一周。一般用青砖或碎瓦、卵石砌筑,或直接为黄土夯实。宽约5尺,有坡度坡向院心,坡度一般为2%左右。方法同上述

用尺杆上的水准槽找坡。环行通道与入口坡道排水沟相交之处一般处理成暗沟，若用明沟，则沟宽3寸，沟底低于环行通道地面。（图3–30）

（4）地坑院院心地面：地坑院院心地面比院内环行通道地面低10cm左右（通常为一个侧立砖的高度）。地坑院院心素土夯实或翻虚用于种植，并坡向渗井。方法同上述用尺杆上的水准槽找坡。院心有时设十字形砖铺小道，便于对面通行。

12）砌炕、砌灶，制作、安装门窗

（1）盘炕：窑内靠近窗户处一侧常设火炕，用青砖或糊琪砌筑，炕的常规尺寸为4尺7寸宽、7尺7寸长。利用灶火余热，冬日起居暖和。此处也是窑内通风、采光的最佳处，也是主人日常起居和待客之所。（图3–31）

（2）砌灶：在火炕向窑内一端砌筑炉灶，并设火道与排烟道相连。夏天多在门洞窑做饭。当地还能见到泥糊的可移动的三腿灶，

图3–31　火炕

图3-32　主窑设置一门三窗

图3-33　一门两窗

方便在各处使用。

(3)制作门窗安装门窗：主窑设置一门三窗，其他窑为一门两窗。门通常有两层，内侧为实木门(当地称作老门)，起防护作用。外侧为风门，可通风采光，也可遮蔽风沙。(图3-32、图3-33)

(4)油漆、装饰，安装门窗五金构件：门窗以黑色为主，点缀有红色等其他色彩和装饰部件，工艺精当，留有远古遗风。油漆干后安装门窗五金构件。(图3-34)

13)装饰、绿化

窑洞内部总体来说还是比较简洁的，随着室内家具的布置及生活用品的搬入，主人会在院心种树或栽植一些植物，以美化环境。(图3-35)

图3-34 门窗

图3-35 院心绿化

三、建筑工具和材料

1.建筑工具

地坑院的营建工具多为日常器具兼用。按使用阶段介绍分别如下：

1)定向放线工具

罗盘：风水师专用。在宅基地选择时用来测南北方向，作为地坑院确定方向的依据。(图3-36)

线绳：用于延续方向性、远距离连接两点使用。

木桩(木橛子)：用于基地放线时的定点工具，使确定点的位置更为明显、固定。(图3-37)

斧子：用于将木桩一端削尖和砸木桩入土，固定木桩使用。

方条盘(或青砖)：用于规定直角，保证地坑院的方正。

土工尺子：槐木、楸木等硬木所制，坚硬，不易变形。其上有寸、半尺、整尺、一尺半等多种刻度单位，用于测量尺度。而且，其背部有水准槽，可用于测水平或找坡。(图3-38)

铁锹：简单处理地坪，如铲土、白灰等。

木棒：敲打铁锹，使锹上白灰均匀落下。

白灰：撒白灰线用。

2)挖土、运土工具(图3-39)

铁锹：主要用于挖浅层松动土、铲土，往箩筐内装土，分尖头锹和平头锹两种。

镢头、镐(尖洋镐)：用于挖坚硬土质，挖坚硬物，包括挖天井院和窑洞时使用。

锄头：也可用于挖坚硬土质，挖坚硬物。

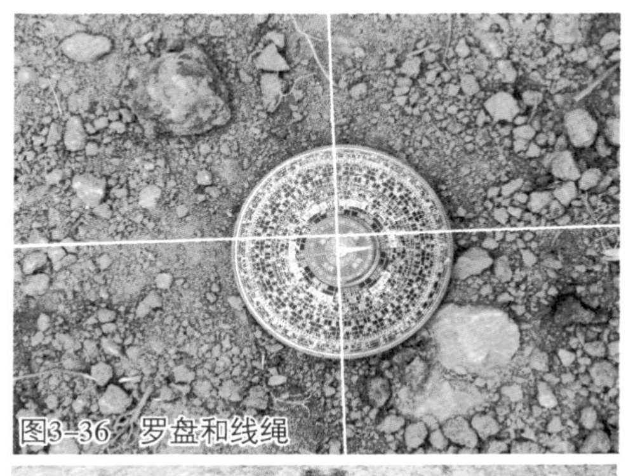
图3-36 罗盘和线绳

图3-37 木橛、斧子、方条盘

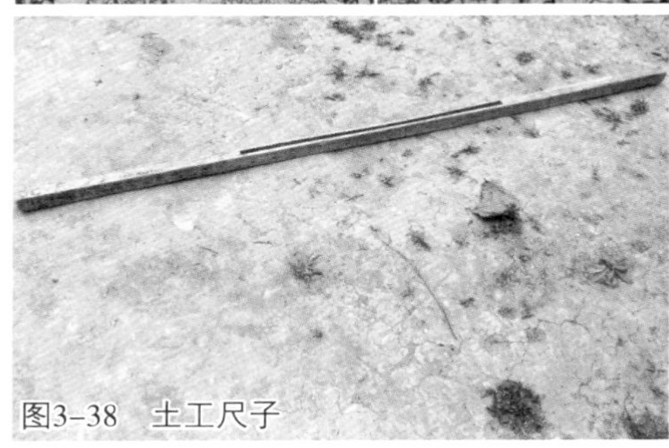
图3-38 土工尺子

图3-39 挖土工具

箩筐：用于装土、运土。（图3-40）

辘轳：和箩筐配合使用，用于土的垂直运输。（图3-41）

扁担：又称挑子，和箩筐配合使用，用于土的水平运输，或沿坡道运输。

板车（架子车）：用于大量土的远距离水平运输和沿坡道运输。

3）砌筑工具

铁锹：铲土、和泥、装泥使用。

锄头：可用于和泥。

二齿耙：用于和麦秸泥时将麦秸和匀。

泥兜子、泥盒：用于从和泥处将泥运至砌筑处。

瓦刀：用于铲泥、轻敲砖或使糊琪与泥结合密实、勾缝，也可

图3-40　装土、运土工具

图3-41　辘轳

用于砍砖,使其尺寸达到需要。

线坠:用于吊线,测垂直度。

4)粉墙工具

泥板:用于平托起少量泥,便于涂抹施工。一般也在向墙上涂抹前,用泥抹子在泥板上将泥再和一次,使其和易性更好,保证涂抹质量。

泥抹子:用于往墙上涂抹麦秸泥或白灰使用。

5)木工工具

刨子:用于使木面平滑,分大小多种型号,根据加工程度和加工面大小选用。

锯:主要用于木材的分割,分大小型号,根据所需加工的木材选用。

斧子:用于砍木材使用,一般属于粗加工。

墨斗:在木材上弹墨线用,可保证用锯等工具加工木材时锯的方向。

6)碾压、砸实工具

石磙子:用于加固窑顶地面,特别是下雨后碾压地面,使其更为密实、光滑。(图3-42)

夯:用于砸实地面。(图3-43)

7)刷窑面工具

四爪耙:刷洗崖面、窑面。

2.建筑材料

由于修建地坑院主要使用挖土的方法,使用其他材料数量有限, 比一般同规模地上建筑用料少许多。建筑材料品种主要有:砖、瓦、木(制作门窗家具)、土坯砖(其形制独特、古朴,当地称作糊琪)、麦秸、料礓石、鹅卵石、青石等乡土材料。

黄土:除经开挖形成窑洞外,还可以用于和泥,制作(打)糊琪的原材料。

砖:用于砌筑拦马墙、窑脸、尖肩墙、檐口和铺砌地面使用,还可用于砌炕、砌灶等。

糊琪:即豫西、关中独有的土坯砖,宽大扁平,尺寸独特,可用于砌筑窑脸、裱砌窑洞与尖肩墙等部位,有加固、美观作用。

瓦:分为一般瓦当和滴水。用于铺砌檐口顶面和拦马墙部分装饰,利于檐口顶面排水。

木:制作门窗家具。

麦秸、麦荚(麦壳):和麦秸泥时掺入使用,起骨料拉结及保温作用。

料礓石、鹅卵石:可用于铺砌地面、入口走道墙壁、窑面装饰等处。

图3-42　石磙子

图3-43　夯

第四章 地坑院的文化习俗

图4-1 豫西地坑院

黄河孕育了华夏文明，地坑院则是黄河两岸先民们繁衍生息的温床。地坑院作为民居起源于人类早期的穴居，是穴居发展晚期在黄土高原地带形成的独特的、成熟的民居样式之一。豫西黄土塬地区是我国人类文明早期发祥地之一，驰名中外的仰韶文化遗址就在其境内，远在5 000多年前这里就有原始耕作业，是我国古代农业中心之一。在豫西黄土塬地区近2 000平方千米的黄土地上，自从有了人，便有了窑洞，而这些窑洞正是黄帝子孙繁衍生息、创造灿烂文化的地方。（图4-1）

作为豫西居住文化的符号，地坑院这种窑洞式民居蕴藏着浓厚的文化积淀和丰实的文化内涵，反映了一定社会历史阶段人们的宗教信仰、社会状况、经济发展水平等。

地坑院的建造与大地融为一体，取材于黄土，建造于黄土，虽由人造，却与环境贴切自然，具有高度的实用性，且暗合着中国古代“天人合一”的哲学思想，是人与大自然和睦相处、和谐共生的典型范例。

一、建造民俗

虽然地坑院属于乡土民居，但受历史传统文化影响，它的建造是十分讲究的。地坑院在营建过程中的相地、院子定位、选定开工时间、动土、竣工按当地民俗均有相应仪式，这些仪式分别由风水师和宅主主持，反映了人们的传统习惯和观念。

地坑院的营建多靠亲戚朋友、左邻右舍帮忙，具有互助性质，修建制度异常独特，也是淳朴乡情和密切人际关系的真实写照。在黄土地上的风土民俗中，建造地坑院俗称为“方院子”，是一种关系到家庭兴衰、子孙繁衍的大事。因此，动土之前要请懂得阴阳八卦的风水先生相宅，造地形、定坐向、量大小，下线定桩、择吉日破土。

如果宅院后面有山梁大塬者，俗称“靠山厚”，属于风水很好的类型，民间有俗语称：“背靠金山面朝南，祖祖辈辈出大官（吃不完）”；如果宅院后面临沟，从风水上看属于无依无托，称之为“背山空”，俗语称“背无依靠，财神不到（瞧）”，这种地势在建宅院时多有忌讳。

豫西地坑院的平面都为矩形，但在放线时要求主窑对面崖面的水平长度要比主窑所在崖面的水平长度短5寸，即站在主窑门前向前方看去平面形状应当内大外小，以利聚气。若内小外大，则称为“簸箕院”，很犯忌讳，对主人不利。

图4–2 “破土”

在宅院破土之日，行奠基礼时要燃放鞭炮，同时宅主会焚香叩拜土地神（爷），以迎吉神。此民俗源于远古人类对土地的崇拜。随后宅主人在基址中央和四角各挖三锨，这就是“破土”，破土之后，即可动土（工）了。（图4–2）

受传统文化《易经》的影响，村民修建窑院前必请阴阳先生来察看风水，根据宅基地的地势、面积及围绕阴阳鱼的八个方位，按易经八卦决定修建那种形式的院落。依据正南、正北、正东、正西四个不同的方位朝向和地坑院主窑洞所处方位，窑院分别被称为东震宅、西兑宅、南离宅、北坎宅。其中，东震宅被认为是最好的朝向。

按照风水先生的说法，地坑院的建造和使用应十分讲究阴阳的配合，即五行相生相克，每建造一座地坑院必须首先考虑与宅主的命相是否相生（绝不能相克），然后根据有利于相生的原则来确定建造什么类型的宅院。

如宅主命中属木缺水，应选择建造一个以北方为主或东方为

主的天井院，因为北方为水，水能养木，东方为木，木能互扶。当然建造以东北为主的民宅天井院也行，大门朝向西南，宅主应住在居阳位的窑洞内，其他成员按照长次之别、从高向低选择窑洞居住；阴位窑洞则另做茅厕、牛屋、磨房等用。

窑洞的格局和使用安排是有严格要求的，特别是门主灶的配合，哪孔窑作主窑，哪孔窑作灶屋，哪孔窑开门洞等都不能随心所欲，而确定窑洞用途的准则就是按地坑院的类型来确定。这些都是源自于中国古代风水学说，其科学依据未能得到证实。

不同类型的地坑院阴阳方位各不相同，但都有一个基本要求，阳位地势要高，阴位地势相应要低些，保持阳强阴弱之势。八卦中将八个方位都给予阴阳定位，即夫位（上主位），绝命（下主位），祸害、五鬼、天医、生气、六杀、延年，其中天医、延年、生气、夫位为阳，六杀、五鬼、祸害、绝命为阴。

虽然要求宅院里阳位地势要高，不代表可以过高，一座地坑院如果阳位过强，即主窑、门窑、灶窑三个方位过高，则认为会影响此户人家人丁兴旺，钱财虽多而无后人享用；相反如果阳位过低，则生活不顺，意外损伤不断，后代不聪明，家人特别是妇女多病多灾，祖辈无财。与此对应，阴位则只能低不能高，四个阴位若不注意，如有一个阴位偏高，认为会给宅主及家人带来口舌官司不断，疾病连连，意外伤亡，人丁残疾，祖辈无能。（图4-3）

地坑院的修造不仅要注意本宅范围内的阴阳调和，而且还要求宅舍与四周的地势和建筑物和谐。100m以内的地势、建筑、栽树等都对本宅的盛衰有很大影响，也必须注意阳强阴弱之势。如果在本宅地界内，户主则不能在阴位上增土，造高大建筑物；如果在本宅地界以外，正好在阴位上遇到有高大建筑物或高树、高地等，宅主就应在自家宅位阳位上补救。

建地坑院有三要：就是主窑、门洞窑、灶火窑的位置很重要，

图4-3　生活中的地坑院

要讲究阴阳平衡，图个吉利。根据宅院的方位性质，确定在某一个崖面的中间位置挖凿主窑，供长辈居住。主窑高3~3.2m，安一门三窗，其余为偏窑，高为2.8~3m，一门二窗。窑洞门多为两套门，朝内开的为老门，朝外开的叫风门，老门坚固，风门透光。宅院里的主窑要比其他窑洞都宽大，以显示主人地位的尊贵。有些地坑院主位方向开挖两个窑洞，无法确定主窑，为补救主宅窑，再在两窑中间的半崖开挖一个小窑，象征性作为本宅院的主窑，也称为天窑。阴向的五鬼窑被认为呈凶性，是全窑院最不好的窑洞，常用来圈养牲口、磨面和放农具杂物；院子里常放有石磨，因石磨是白虎

星，可以镇邪。地坑院的门洞中，通道多用砖砌筑成阶梯形。门楼多用砖瓦精心砌筑，俗称“穷院子，富门楼”。（图4-4）

造窑的孔数也多有讲究，有“明五暗六含八封九”之说：九为大，所以九孔窑院落最多。窑院建成时有个热闹隆重的仪式叫“合龙口”。窑洞挖好之时，匠人在中间一孔窑的顶上留下仅容一砖或一石的空穴，用系了红布或五彩线的砖或石砌齐，然后放爆竹，设

图4-4　地坑院的门洞

宴请客，共祝主人平安吉祥。迁入新窑院时亲朋好友还备礼祝贺，喝喜酒，为其"暖窑"，有的称之为"踩院子"。

窑洞里进门后窗下的炕为"通灶炕"，有的窑洞设有前后双炕，前炕睡孩子，后炕（在窑底）睡老人。冬季烧火做饭、饭熟炕热。民间对于炕的尺寸喜欢选择有"7"有关的，如长6尺7寸，宽4尺7寸。因为"7"与"妻"同音，取意"与妻同炕，偕老百年"的好口彩。灶火的烟囱通过土炕通向地面，称谓烟洞。灶神供奉在橱窑，门上贴的对联常为"上天言好事，回宫降吉祥"。

这些都是源自于中国古代风水学说，其科学依据未能得到证实。

地坑院的顶部地面须压实平整，严禁植物、杂草丛生，也不安排农作物栽培，这样有利于窑洞保护。但是生活少不了绿色，故花草树木的种植被安排在地坑院里，这是院里主人装饰地坑院必不

图4-5　地坑院里的树

可少的工序。但地坑院中对植物栽种也有要求:不能只栽一棵树,因为有“困”的寓意。还有“前不栽桑,后不栽柳,院中不栽鬼拍手(杨树)”的说法。因为“桑”与“丧”同音,“柳”为丧葬用木,当地人把杨树称作“鬼拍手”,嫌其风吹叶响,有噪声干扰,均视为不吉。与此相反,当地民间提倡“前梨树,后榆树,当院栽棵石榴树”。因为“梨”与“利”同音,榆树称为金钱树,石榴多籽(子),均取吉祥之意。门洞旁栽一颗大槐树,谓之“千年松柏,万年古槐”,寓意幸福长久安康。(图4–5)

种植果木花草的地坑院,每逢大地回春,生活在绿树花丛中的人们,农家情调温馨;夏至,树木为院落带来阴凉,可调节院落的小气候不至炎热难耐;秋天,地坑院院顶地面上晒满丰收的粮食,院内瓜果飘香,景象喜人;冬天树叶脱落,使地坑院的冬日暖阳不受遮挡。

二、饮食民俗

豫西地坑院生活习俗具有浓厚的乡土气息和独特风貌,已列为河南省非物质文化遗产。

地坑院里较有特色的饮食民俗为“八大碗”与“十大碗”,是当地群众操办红白喜事、娶媳嫁女、招待到访贵客或时令节庆准备的特别吃食。完全的“十大碗”包含红烧肉一碗、白肉一碗、猪头肉两碗、黄花菜一碗、海带一碗、豆芽一碗、粉条一碗、芹菜一碗、煎饼一碗;“八大碗”则是再从中选择六个热菜和两个凉菜组成。另外,十大碗上菜的顺序和摆放的方位也有一定的讲究。(图4–6)

“十碗席”起源于豫西,与当地的气候密切相关。豫西山区雨量小,气候干燥寒冷,故民间饮食多喜欢炖菜以抵御寒冷,味道偏

图4-6 “十大碗”

好香辣咸酸，讲究荤素搭配。这里的人们习惯用当地的家猪肉和当地出产的萝卜、白菜、豆腐、粉条、豆芽和野菜等制作经济实惠、汤水丰盛的宴席，慢慢地这种色香味俱全的菜肴连达官贵人们也接受了，久而久之创造了极富地方特色的豫西“十碗席”，并一代代传承了下来。

三、祭祀民俗

住在地坑院的老百姓多有祭祀神灵的民俗，与中国北方多数地区相同，属于多神崇拜，城隍土地神、门神、灶神、财神、关帝都曾建庙祭祀，现仍保留的只有“祭灶”的传统。（图4-7）

祭灶，是中国民间影响很大、流传极广的习俗。旧时，差不多

家家灶间都设有“灶王爷”神位。民谣中“二十三，糖瓜粘”，指的就是每年腊月二十三或二十四日的祭灶，有所谓“官三民四船家五”的说法，也就是官府在腊月二十三日，一般民家在腊月二十四日，水上人家则在腊月二十五日举行祭灶。

河南民间讲究“祭灶必祭在家”，有“祭灶不祭灶，全家都来到”的俗谚。祭灶时，凡在外的人都要赶回。祭灶历来由男人主祭，民间传说，月亮属阴，灶君属阳，故“男不祭月，女不祭灶”。但安阳等地，也有家庭主妇主祭者。祭灶日晚上，家家用豆腐、粉条、白菜、海带等做成“祭灶汤”，端至老灶爷牌位前，然后再供上用糖糊或麦糖饴制成的芝麻酥，称“祭灶糖”。祭灶后，全家老幼便一起享用祭灶糖、饼并共进晚餐。在上蔡等地，所进晚餐多用面条等素食，不食荤腥，讲究吃得越多越好，俗称“填仓”。

地坑院民居所在地还有另外一个比较独特的风俗，就是对椿

图4-7　地坑院祭祀

树的自然崇拜，因为椿树种在地坑院里生长极好，人们便寄托椿树将成长的力量传递给下一代。所以，每年正月初一，这里的百姓都会让自家小孩伸开两臂抱住椿树，同时念道“椿树椿树你为王，你长粗来我长长。你长粗来做大梁，我长高来穿衣裳。”以求椿树庇佑。

四、婚葬民俗

婚嫁是塬上农户家中的大事，甚至超过了任何一个民俗节日。地坑院民居地处中原，历史悠久，文化底蕴深厚，作为黄河金三角豫、秦、晋三省交界的豫西地区，在自己独特的文化中又融汇了陕西、山西的特色文化，使其文化习俗更具有旺盛的生命力和鲜明的代表性。（图4–8）

图4–8　地坑院婚礼，摘自《香港摄影报》

中华民族几千年来流传下很多的礼节，由于地域、文化的不同，各地的婚庆从形式到内容也是大相径庭。地坑院的婚庆文化是独一无二的，体现了豫西地区特有的魅力和特色。结婚时，男骑马、女坐轿，仪仗队在最前边打着麻伞，接着是打旗的，最多打八面旗；之后是打灯笼的，与旗的数量相等；灯笼后边是打牌子的，牌子上写着吉祥话，两边绑着葱和酒瓶，葱是聪明、酒是长久的意思；牌子后边是敲铜锣的；再往后就是乐队，有唢呐、笙、梆子、小锣；乐队后边是新郎的马和新娘的轿。

在陕县、灵宝、卢氏、洛宁一带，结婚时女方家所有的亲戚都跟着过来，还要给男方的家人打上花脸。据说打花脸是古老"抢亲"风俗的遗存，最早应该是男方抢亲时怕女方家人认出来，所以把脸全部涂黑。后来演变成一种游戏式的打闹，脸也不是完全涂黑，而是用油彩涂得很艺术。

结婚的队伍会先到崖上，由新郎拜轿，然后婆家出来两个妇女把新娘从轿中搀出，随着鞭炮响，新娘下轿前脚踩在"五谷丰登"盆里（里面装着花生、棉花）。地面铺上红毡，红毡要从崖上一直铺到新郎屋里。

地坑院葬俗中仍然注重风水，死者讲究"头顶金山，脚蹬米粮船，两手扑银山"，还是为了给后人求个吉祥。还要给死者"开光"，死者在棺里躺着，棺盖打开，孝子们轮流拿棉花蘸水，在其脸上擦一下。这是佑护后人"眼明心亮"之意。

当地人把坟地风水的好坏当做一件重大的事情来对待。人们一般认为，坟是先人居住的地方，是后人的先天之本，更是决定后代子孙好坏的重要因素。所以，建造新坟时十分注重考究。选穴的程序分三步：一是龙脉撵穴（多处勘察）；二是开山立向（定穴下盘）；三是九星祭灯（夜间转灯）。三项程序都要仔细进行，直到全部完成后，还要请风水先生用黄布3尺写坟案留给后人，代代相传，唯恐以后埋错了地方，坏了风脉。家有家谱，坟有坟案，千秋万代照坟案办事，程序很是严密周详。

黄土地上的婚俗、葬俗展示的场景、气氛、礼仪，同地坑院的窑洞、老树、窗花、方格土布一起，有形的文化资产和无形的文化资源，包含着人们的价值观念、生活方式和审美境界，一起构成民间文化生态的基因。

五、岁时节令民俗

社火是我国民间传统节日的一项群众集体游艺活动，是一项集声乐、器乐、舞蹈、杂技、滑稽小品为一体的群众性综合艺术活动，含有高跷、芯子（或叫垛子）、旱船、海螺、锣鼓等活动。一般在元宵节前后大闹3天，俗称“耍社火”“出社火”。地坑院所在的三门峡市各县（市）、区均有社火活动，历史悠久、规模宏大、娱乐性强。

其中，陕县社火是三门峡地区历史最悠久、规模最大的民间游艺活动。其队伍编排大致是：马队开道，规模最大的马队近百匹，人称“百马”；三眼铳放炮，震耳欲聋；旌旗先导，锣鼓喧天，气氛热烈。接下来是社火节目：高跷队在先，平垛队居中，坠子队殿后，再后就是表演的各类节目，有：旱船、花棍舞、跑马舞、小车舞、九莲灯等10余个。（图4–9）

耍社火最重要的乐趣还在于人们在活动中通过扮演各种角色来娱乐。耍社火的造型主要有以下几类：

神话传说人物：这类角色都作为“神仙”进行表演，意思是“安邦佑民，赐福增寿”。他们从化装、道具、演唱自成传统，趋于规范化；历史故事人物：此类人物角色有名有姓，有历史来历，有具体事例，但经过艺术加工更趋于形象化、典型化。比如刘备，赵云，赵

图4-9 地坑院社火

匡胤,包公等;丑角人物:俗话说“无丑不成戏”,社火也不例外。滑稽可笑、引人捧腹的丑角人物,比如“胖婆娘”等,可以很好的烘托节日的气氛,独具风格;典型动物形象:社火中多采用象征吉祥、利民、驱恶意义的动物,一则祝愿、寄思,二则增添节日乐趣。比如“龙舞”“狮子舞”“竹马子”“抓狗熊”等。(图4-10)

岁时节令民俗是紧密伴随着人们的生产活动和社会历史的发展而不断形成和发展的。虽然表现形式各有不同,但大多是以喜庆欢跃为特点。住在地坑院里的百姓最重要的岁时节令民俗就是春节期间的社火表演,人们以此预祝来年五谷丰登、六畜兴旺、人寿年丰。

图4–10　社火

六、文艺技艺民俗

豫西地坑院村落的文艺民俗主要有以下三个剧种：豫剧、曲剧和蒲剧。这是地坑院村落里最富有活力的民间口头传承文艺

民俗。

豫剧也称河南梆子、河南高调。在豫西地区演出多依山平土为台，当地称为“靠山吼”；曲剧于明清时已在民间广为流传，曲目共有200个左右，可谓年轻而古老。曲剧长于抒情，清晰、质朴、活泼、明快，既有北方音乐的激昂奔放，又不乏江南音乐的婉约绵柔。朴实亲切、通俗易懂，极富浓郁的乡土气息，让人听而入迷。蒲剧即“蒲州梆子”，当地人通称“乱弹戏”，音调高亢激昂，音韵优美，长于表现激情。

地坑院村落的技艺民俗则包括游艺、工艺等方面的内容。如纳鞋底，在地坑院已经成为妇女们平日手边放松的活计，半为实用，半为消遣，因此她们也相对有时间来构思鞋底的纹样和花式，对比强烈的红蓝色是最常见的鞋底颜色；又如纺线、织布，旧时地坑院的妇女多会纺线、织布，农闲时，特别是在天气晴朗、阳光明媚的日子里，妇女们就会把自家的纺车搬到院落里，一边享受阳光，一边纺线，是地坑院一幅独具特色的风景。

地坑院村落剪纸艺术发达，像黑色剪纸、男性剪纸艺人普遍多见，这些民俗都带着远古习俗传承至今的痕迹，还有皮影戏等民间文化传承，十分珍贵。（图4-11）

窑洞窗户上贴窗花（剪纸）是传统民俗。塬上及周边的农民几乎都住在地坑院里，每个地坑院有8~12孔窑洞，每孔窑洞都有2~3个窗户和两扇向外开启的风门。窗户和风门的棂子都是井字形方格，又没有玻璃，全部是用白纸糊的。每到春节，五颜六色的窗花贴在窗户和风门上，把农家小院映衬得十分鲜亮，把节日气氛烘托得格外红火。窗花是当地农民春节时最传统、最廉价、最喜爱的装饰品。

在豫西陕县的地坑院中，民间有剪贴黑色窗花的习俗。在窑洞风门和窗户上，在老年人的住室和新婚的洞房中，贴着内容丰

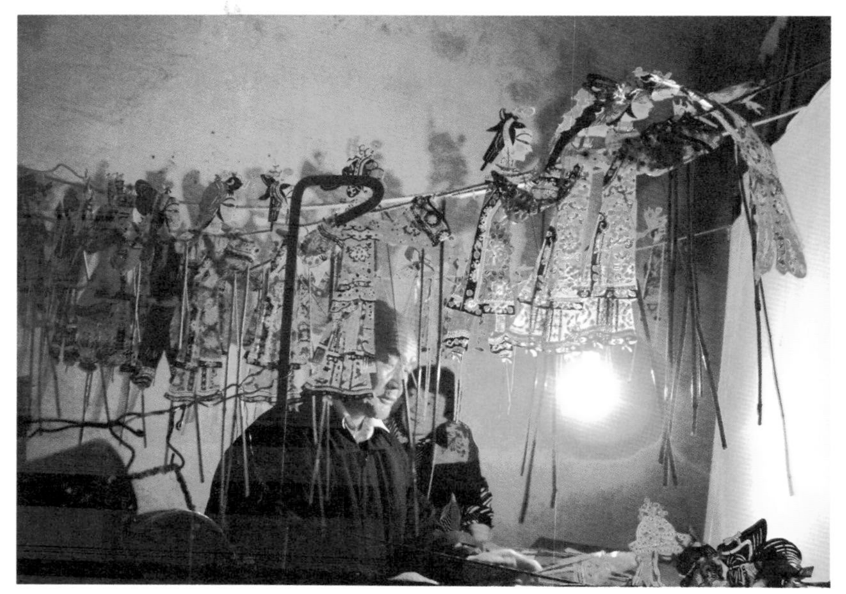

图4-11　皮影戏

图4-12　陕县剪纸

富、题材多样的黑色剪纸。陕县人尚黑，是夏代尚黑古风的遗存。陕县黑色剪纸，是中原民间剪纸中的一朵奇葩，是有着浓郁的黄河三门峡风格的剪纸品种。（图4-12）

陕县黑色剪纸，深藏在地坑院中，当地人司空见惯，不以为奇。当它们被外界、被学界、被媒体发现后，才绽放出绚丽的色彩。陕县黑色窗花在题材上和红色窗花没有什么差异，在剪贴习俗、剪纸手法上也与红色剪纸相同，差异的是颜色。

陕县剪纸的内涵融于节令时俗、人生礼仪、宗教信仰之中，多以寓意、象征寄托人生美好的追求和向往，表达精神的诉求。陕县剪纸是中原剪纸的一个代表，比较集中显示出中原剪纸粗犷浑厚的风格，刀法简洁明快，构图饱满充实，形象夸张灵动。艺人心到手到，随情顺意。黑色剪纸凝重、稳定，纯真、朴实，大气、浑厚，显示一种理性之美，已经超越出喜好的、习俗的剪纸风尚，继承着上古颜色崇拜的图腾意蕴。在地坑院里，还流传有点彩和染彩剪纸。

由于旧时生活圈子局限于室内的家务琐事，其剪纸内容多为

图4-13　窗花

“喜鹊登梅”“龙戏珠”“孔雀开屏”“天女散花”以及各种花、卉、虫、鱼、鸟、禽兽一类的图案，反映人的也多是胖娃娃。另外，吉祥如意、富贵长久、六畜兴旺、五谷丰登、避邪镇妖类的剪纸也较受欢迎。这些大红的剪纸充满民间的乡土气息，具有浓郁的乡土风味，反映了人们对美好生活的向往，为荒凉贫瘠的土窑洞增添了色彩和盎然春意。（图4-13）

第五章 地坑院的传承和现状

一、陕县西张村镇庙上村　二、陕县东沟村
三、陕县西过村　四、陕县西张村镇人马寨村
五、陕县五花岭村

地坑院民居在豫西、晋南、渭北、陇东地区较为常见，目前这种古老神秘的民居分布最为集中、保存较为完好的是豫西的三门峡地区。在三门峡市陕县的陕塬上，散落着数以万计的由地坑院民居组成的星罗棋布的村庄，故陕县又被称为中国地坑院文化之乡。以下，我们将以陕县为例，说明地坑院民居的传承与现状。

塬，这种地貌在河南其他地区并不多见，它原指我国黄土高原地区因流水冲刷形成的一种地貌，呈台状，四周陡峭，中间平坦。它们由厚为50~150m的黄土构成。这里的黄土主要由石英和粉沙组成，是在早更新世、中更新世和晚更新世时期堆积而成。由于土质结构紧密，具有很强的抗压、抗震等作用，为挖掘地坑院创造了得天独厚的条件。

在陕县，这种沟壑纵横、荒凉层叠的黄土高坡的塬十分常见，通过陕县地图可以发现，一个这样的塬可以覆盖一个乡镇，甚至覆盖两个乡镇。陕县自东向西有东凡塬、张村塬、张汴塬等塬，其中的张汴塬，就是历史上的“陕塬”，陕西即由此得名。

近百个村落里的近万座地坑院，就集中分布在陕县的东凡塬、张村塬和张汴塬这三大塬区上。这三大塬区，正处在仰韶文化遗址上，在这些塬上的人马寨、庙上村、窑头等地，都有仰韶文化遗迹发现。而仰韶文化时期，正是人类穴居文化的成熟阶段。

窑洞在陕县基本上每个乡都有分布，而地坑院的分布相对集中，仅陕县西张村镇和张汴乡两个乡镇就占到该县地坑院总数的80%以上；菜园乡东汴村（原东汴乡）也有少量分布。如果要往前追溯几年，陕县塬上区域村落基本上都有地坑院存在，据一些老人讲，现在一些人家好几辈都住的是地坑院，现存最早、目前还住人的院子已有200余年的历史，已住过六代人以上。但近年来，其消失速度十分惊人，保存较好的村庄有张村塬的人马寨和庙上村等。（图5-1）

图5-1　陕县西张村镇庙上村卫星地图

一、陕县西张村镇庙上村

庙上村坐落在张村塬边缘，隶属西张村镇。

庙上村的地坑院，大多有一二百年的历史。较新的几座，建造于20世纪50~60年代；最后的一座则建于1976年。很少有人能够确切地说清自己家的院落建造于什么年代，最常听到的回答就是“祖上传下来的”。（图5-2）

庙上村所有的村民代代恪守祖业，安居于此，终老于此。直到20世纪90年代初，随着两三户人家尝试搬出地坑院以后，整个村庄开始“蠢蠢欲动”；在20世纪末，搬离高潮到来了。如今仍然居住在地坑院的，基本上都是老年人和无力在地上建造新房子的人。历史的沧桑传承，似乎自此戛然而止，在现代文明的强大冲击下，这种独特的民居，正面临着尴尬的生存危机。正是这股搬离风潮

图5-2　庙上村

的兴起，不少地坑院被废弃和大量填埋。据了解，在整个陕县境内，每年有数百个这样的院落正在消失。

庙上村地坑院已被确定为河南省文物保护单位，并修建了“庙上天井窑院度假村”。度假村由5个相通的地坑院组成，考究的门窗、高挂的灯笼、崭新的布局，显然是重修后的结果。与度假村相邻，还有六七座类似的地坑院，是陕县旅游局正在修建的景点。（图5-3）

在度假村北边和东边，还有三四十座村民正居住其中的院落。这些院落大多呈12~15m的长方形或正方形，深7~8m。俯视下望，可见每个院落大多有8孔窑洞。主窑多为九五窑，宽3m、高3.1m；其他窑为八五窑，宽2.7m、高2.8m。主窑可见三窗一门，其他窑则二窗一门，茅厕窑和门洞窑则无窗无门。

与地上世界的热闹喧嚣相比，地下的地坑院落则显得十分静

图5-3　地坑院旅游

谧。虽然是正午做饭时分，但地坑院里却很少听到人声，安安静静的景象，仿佛让人进入了一个隐秘的世外桃源，只是通向地面的烟囱冒出的炊烟，说明院落里还有人居住。

二、陕县东沟村

东沟村位于张村塬中心地带，周围地形平坦，距三门峡市约13km，距塬上南端的西张村10km，因村内有一条塬上浅沟壑而得

图5-4　东沟村卫星地图

名。从地图上可以看到，村落形状沿着塬上浅沟两侧呈东西向伸展，现有定居户430户，2 400多人。耕地面积约1 800亩，宅基地面积约270亩。（图5-4）

村庄里面因为有地势高差的不同，建筑类型多样，窑洞建筑形式占总建筑数量的90%。东沟村除地坑院民居外，还存在着靠崖窑和独立式窑洞。地坑院基本上都分布在浅沟壑两边的平坦塬上，地坑院占总建筑数量的25%；靠崖窑都在浅沟壑里面，顺势分布着；独立式窑洞在沟壑里面和塬上都有分布，只是数量相对于地坑院来说较少。

村落布局亦是顺地势自发而成。原来村落民居大都在沟壑里面自由分布，后来随着社会经济的发展、环境恶化严重、人口增加，沟壑里面不能满足人们的居住要求，村落开始向两边的塬上扩张。但总体来看，主要居住类型仍为地坑院。

三、陕县西过村

西过村位于张汴塬南部，距塬上唯一一条乡间道路大约750m，村落较为闭塞。因汉朝王莽追赶刘秀经过此地，故而得名"西过"。该村现有315户，1 030口人。现有耕地面积1 140亩，村庄宅基地面积300亩。

近两年为防止土地流失，响应国家"退耕还林"号召，退出耕地将近1 000亩，这些耕地一般都是坡度大于25%的沟地。村民住房主要以地坑院窑洞为主，村里现有地坑院200多个，有160个仍在使用，占到住房比例的70%左右，村内也有少量砖混房屋。（图5–5）

村民经济收入主要依赖卖苹果的收入。2007年苹果价格最高时，村民人均收入达3 000元，2008年因经济危机的爆发，苹果基本

图5–5　正在拆除的地坑院

上赔本出售，人均收入综合外出打工赚的钱不到 1 000元；加之交通不便也导致了村庄经济发展缓慢。西过村西边是沟壑，南边是春树岭，其他两面又与主道路连接不畅，故而传统村落空间保存较为完整，村落特点较为独特。

在村落里，除了依稀能看到几个简易烟炕烟囱和半截高的树木外，几乎没有别的什么突出的东西。秋季进村，满眼是地面上收获的正在晾晒的金黄色玉米，围绕着一个个地坑院的天井，真正如俗语描绘的那样，“进村不见房，见树不见房”，原生态的民居状态保持得很好。

但是，地坑院村落正在快速消失的问题也一样存在。据调查，西过村原来在村里西边的沟壑里面和塬上边缘处，居住形式为靠南院（靠崖窑），20世纪50年代开始向塬上搬迁，居住形式为地坑院，当地的地坑院也是那个时期建造。2001年以前，村落里面也都为地坑院建筑形式。之后，一些有经济基础的村民开始陆续在地面建房。随着经济的快速发展，20世纪80年代以来，人口增长迎来高峰期。人均耕地和宅基地日趋紧张，而地坑院窑居在宅基地中占有相当大比例。一般来说，豫西地区一座地坑院占地面积是地上房屋的3~4倍。在这种情况下，不可能有新增地坑院产生，在调查中了解到有些新增村民甚至没有自己的宅基地，只有靠租房居住。地方政府也推出“退窑还田”举措，以此举换取更多土地来解决实际耕地和宅基地问题。但退窑建房要花费很多金钱，该村村民实在无力承担。也正因为经济原因，当地独特的地坑院村落特色空间才保存了下来。

对西过村而言，还有另一个更迫在眉睫的问题，就是水资源稀缺。黄土高原因其特殊地理、气候、地质条件，自古以来就气候干燥，现在几乎所有森林资源又都被砍伐殆尽，土地不再有保持水分的作用，久而久之，形成恶性循环。西过村不仅农田灌溉困

难，甚至连生活饮水都无法得到保证。加之西过村南向建有一个化工厂，距村落仅1km，排放的大量污水污染了地下水资源，导致当地村民无法饮用地下水，食用水基本都靠购买，洗衣服就只能靠收集来的雨水。

四、陕县西张村镇人马寨村

人马寨村位于西张村镇水淆村西部，与沟壑相邻，南面是人马村，在沟边有古村遗址寨墙保留，寨墙原是以前抵制战乱或流匪用的。旧村落多建在沟壑里，以靠崖窑为主的居住方式。现在村民都搬到寨墙南部的塬上居住，也算是张村塬上地坑院建筑保护力度较为完好的村落之一，人马寨村现存130余座院落，正在使用中的有50多座，特别是这里的地坑院多用蓝砖、蓝瓦砌墙铺地，显得古朴而优美。（图5-6）

人马寨村地势较为平坦，与西张村—陕县乡间公路相接，交通较为方便。该村除了种植小麦、玉米等传统农作物外，也是以果树种植为主要经济收入方式。经过调查，该村落之前村中主道路两侧几乎全是地坑院，黄土高原景观特色十分鲜明。村民介绍，村中央曾有一座16孔的地坑院，是村里规模最大的，原是一户弟兄四家居住，院落内有矮墙分割，按四合院对称布置，布局很规整，现在这座16孔地坑院已经被填平消失了。

现在村中基本都是盖在道路两旁整齐的地上砖混房屋，地坑院大多处在废弃状态。只有一家经济条件好的住户把地坑院进行了加固和装修。尚存的仅是村内离道路远的外围的地坑院，基本上都是老人们在里面居住，年轻人都喜欢住在地上房屋内。

图5-6　人马寨村

五、陕县五花岭村

五花岭村位于张村塬上，距乡间主道路2千米。村落因西北方2.5千米处有5个小土岭，故而得名五花岭。

五花岭村现有住户300户，人口930人。村落现在的宅基地占用土地 240亩，其中地坑院占用宅基地比例大约为20%。现有地坑院数量为40 多个，正在使用的有30个。五花岭村属传统农业型自然经济，农作物以小麦和玉米为主，经济作物以种植苹果为主。（图5-7）

图5-7　五花岭村卫星地图

村落现在整体形态是传统村落和“现代规划思想”相结合的结果:传统村落主要由地坑院、靠崖窑以及两者的结合形式组成,沿沟壑顺势布局,和地势自然结合。随着时代的变革、经济的发展、生活方式的改变,在塬上平坦区域重新规划了整齐的地坑院格局。村落的整体规划呈东西向布局,一条主干道纵贯其中,道路在两旁呈对称排列,共14对,很是规整。

该村窑洞建筑形式现有地坑院、靠崖窑和地上砖混房屋三种,地坑院大多建于1960年前后。根据村里老人讲述,村内现存最早地坑院距今大约有60年历史,其他较老的地坑院都已经推平还耕。由于1960年前后开始了有规划的建设,故新建的地坑院沿道路整齐排列,老的院落则沿沟壑自由式布局,且保存得较为完好。

在五花岭村沟壑里,有一个经典古老的地坑院群。它由两个完整的地坑院和三个半围合地坑院组成。五个地坑院建筑年代不一,但基本建于20世纪60~70年代。该地坑院群有两大特点:第一,三个半围合地坑院,三面挖窑洞,第四个面为现代建筑或围墙,正是其第四个面共同围绕一个地下公共庭院布局。其中两个半围合地坑院,要进入院落必须先下到公共庭院,再通过公共庭院进入自家院子。第二,5个地坑院窑孔深浅不一,最深的8.9m,最浅的只有3.9 m。原因在于5个地坑院相距太近,其中3个相互之间地面距离才4.8 m和5 m。因为相邻的两个地坑院挖窑孔受到限制,为避免和另一院落挖通,故只能采取浅挖或一院落在同一个位置不挖。

如今随着村落的发展,村西沟壑区地坑院很多也已经“退窑还田”,而在村南出现一片新式砖混房屋,几乎都为一层,全部是统一的红色瓷砖贴面门楼,红色的现代铁大门,砖砌院墙,上加棕黄色琉璃瓦。院内格局也基本一样,房屋坐北朝南,现代式的客厅和卧室,大玻璃窗户,很典型的新农村建设形象。村落格局也慢慢向“U”字形转变。经调查,这些新房都是2007年前后建设完成的。

第六章 地坑院民居的价值

地坑院民居的价值包括建筑价值、文化价值和生态价值。

在中国建筑史上，地坑院民居及其营建技艺是一种十分独特的、原生的建筑和技术类型。地坑院作为传统民居中最为独特的建筑类型，不论从聚落形态、建筑特点、空间形态还是建造方式上具有自己特殊的区别于其他传统民居的建筑价值特点。世界上除北非有少量类似地坑院的民居外，只有中国存留大量的地坑院民居，其营建技艺流传至今。地坑院的营建技艺是一个完整和丰富的系统，文化底蕴十分独特丰富，尚有待深入发掘。而研究、保护其营建技艺，对发展新型建筑技术、创建适宜人居建筑新形式、保护资源和环境、实现人与自然和谐相处均具有重大意义和借鉴价值。

华夏民族的传统文化，从本质上讲是一种农耕文化，其受儒家实践理性的生活态度影响，在建筑上表现为朴素自然，并抽象的把人的心理情绪融合于建筑元素当中。地坑院作为民居起源于人类早期的穴居，是穴居发展晚期在黄土高原地带形成的独特的、成熟的民居样式之一。地坑院中的文化民俗是上千年来的文化传承，具有很高的文化价值。

地坑院民居及其他生土建筑都是绿色建筑研究的重要范例。从现代绿色生态建筑的角度来看，地坑院建筑形式属于“原生态建筑”，这种中国传统民居中体现的“原生态”思想是古人对于气候及自然环境的适应，其中蕴含着古人们朴素的自然环境生态观，反映着实际生活的利弊。

一、建筑价值

地坑院以其独特的形式成为民居建筑史上的一大奇观。20世

纪前期，德国人鲁道夫斯基在《没有建筑师的建筑》一书中，最早向世界介绍了中国窑洞地坑院，称这种窑洞建筑为“大胆的创作、洗练的手法、抽象的语言、严密的造型”，地坑院因而闻名中外。

地坑院深入大地之中，融合在自然之内。院心通常还栽植几棵梨树、榆树、桐树或石榴树，树冠高出地面，露出树尖。院内花开满院，蜂飞蝶舞，院上“车马多从屋顶过”，呈现出一派田园之美、自然之美。有的整个村庄建在地下，其自然风格与乡土气息充分体现了敦厚朴实的性格，乡村住宅隐于大自然之中，好像是大自然的延续。（图6–1）

豫西地坑院窑居村落分布在黄土高原沟壑区外的平坦塬面上，成行或呈散点式布局。塬上的地形地貌及生态环境塑造了地坑院村落这样独特的景观，构成豫西特有的“住文化”形态。那种“见树不见村，进村不见房，闻声不见人，悠闲地下隐”的景象就是

图6–1　静谧的村落

地坑院聚落空间特色的真实写照。

作为一种古老而神奇的民居样式，地坑院蕴藏着丰富的文化、历史和科学，是古代劳动人民智慧的结晶，反映了一定社会历史阶段人们的宗教信仰、社会状况、经济发展水平等，它记录着更多的社会历史发展轨迹和信息，在窑洞类居住环境中独具特色，被称为中国北方的“地下四合院”。

二、文化价值

“天人合一”的思想观念最早是由庄子阐述，后被汉代思想家、阴阳家董仲舒发展为天人合一的哲学思想体系，并由此构建了中华传统文化的主体。在影响中国古代建筑发展的诸多因素中，天人合一的观念是根本性的。

中国古建筑在建筑类型上丰富多彩，它们的种类和使用功能虽不相同，但始终流露着“天人合一”的思想。这基于与自然高度协同的文化精神——热爱自然、尊重自然，建筑镶嵌在自然中，仿佛是自然的一个有机组成部分。中国古建筑注重与自然高度协同的观念，表现在城市、村镇、宫殿、陵墓的选址和布局命名上，都力图体现天人合一的追求。地坑院虽然作为民居，中国传统的“天人合一”的自然观，同样被这黄土地上的农民应用得淋漓尽致。（图6-2）

华夏民族的传统文化，从本质上讲是一种农耕文化。豫西地处中原腹地，受儒家实践理性所崇尚的冷静和脚踏实地的生活态度的影响，人的心态比较严谨、收敛，注重于伦理和文化规范。这使窑洞宅居建筑与人的生活十分贴切，使人的生命从生理到心理得到休息与憩养，是平常人生活的一种“常式”建筑。不难看出，其

图6–2　原生态的地坑院

在建筑风格上较之宫殿、坛庙等建筑显得朴素自然，没有给人突兀、惊叹之感，但在表现传统文化精神的象征性语言方面，却显得分外鲜明。其以响亮的象征性语汇“诉说着”华夏民族传统的文化心理，抽象地将人的心理情绪融汇在一系列的建筑元素之中。

1.建筑特征的文化内涵——窑孔数量

从传统的建筑空间上看，豫西窑洞民居建筑较为集中地体现了华夏民族吉祥文化的特色。在豫西，作为居住的窑洞常以3孔为佳，借以象征福（福运）、禄（赐禄）、寿（长命）三星。所以一般人家都拥有3孔窑洞。中间的一孔窑洞为正窑或称主窑，两边的窑洞为

图6–3　小坷龛

陪窑。如果只有两孔窑洞的人家,则在两孔窑之间挖一个小小的浅龛,以弥补三星之不足。这样的小龛俗语叫小坷龛,用做供奉天地神位。(图6–3)

2.建筑特征的文化内涵——建筑尺寸

窑洞的进深尺度一般都为单数,1丈(1丈约为3.4m)、1丈5尺、2丈5尺等,极少双数;窑洞的宽度可以是1丈2尺等,但绝不会出现整双数;窑顶距地表面一般是1丈5尺厚的黄土层。其象征寓意为

一团和气、三星高照、五谷丰登、七子夺梅、九路进宝。极富吉祥文化的鲜明色彩。

3.建筑特征的文化内涵——建筑形式

从传统的建筑形式上看，正面窑洞口型制营造呈天方地圆，用以象征建筑整体就是宇宙的整体，反映出古老独特的“阴阳观”与“通天观”合一的生命意识。（图6–4）

图6–4　窑洞正面

窑洞门窗是木质结构的，券拱横楣之下的中央位置是窑门，窑门左右是木格窗。木格是“蛇盘九颗蛋”的图腾相交符号，象征着子孙繁衍，生生不息；横楣以上为天，中央是由六六三十六方格组成的大方格，与券拱形成圆中有方的强烈对比，以象征阴阳相生相克的古代哲学观；从大木格方门中出进的人与券顶的圆，处于一条中轴线上，在整体形式上反映出上通天、下通地之天、地、人三才的天道观。

从以上营造传统可以看出，地坑院民居建筑是远古穴居文化的直接传承，在中国建筑文化史上自成一体。其建筑本身所蕴含的传统文化品性也是非常独特的，带有华夏民族鲜明的本原气质。从形式上看，它标志着人工创造对自然资源“占有”的同时，又体现着自然对人工创造的亲昵；从观念上看，它反映着原始本原文化“土气”的同时，又彰显着虽古犹新的人类智慧；从价值上说，它既是极其一般的物质文明存在，又是极其特殊的精神文化积淀。

4.“堪舆学”与地坑院民居

堪舆学，即风水学，是用来选择宫殿、村落选址、墓地建设等的方法及原则。原意是选择合适的地方的一门学问，实为古代一门环境选择的科学。堪即天，舆即地，堪舆学实为“天地之道”，是风水术的主要别称之一。风水也称作地理，或叫地学，青乌、卜宅、相宅、图宅等也都是风水别名，意思大同小异。风水家又多称为地理家、地师等。（图6–5）

风水的历史在中国非常久远。在古代，风水盛行于中华文化圈，是衣食住行的一个很重要的因素。有许多与风水相关的文献被保留下来，由文献中可知，古代的风水多用作城镇及村落选址和宫殿建设，后来发展至寻找丧葬地形。研究风和水的根本目的，是为了研究“气”。《黄帝内经》上记载：“气者，人之根本；宅者，阴阳之枢纽，人伦之轨模，顺之则亨，逆之则否。”《易经》上记载：“星

图6-5　相地时要用的罗盘

宿带动天气，山川带动地气，天气为阳，地气为阴，阴阳交泰，天地氤氲，万物滋生。”因此，可以看出气对人的重要性，而气与风水有着千丝万缕的密切联系。

八卦亦是中国古代的基本哲学概念，源于中国古代对基本的宇宙生成、相应日月的地球自转（阴阳）关系、农业社会和人生哲学互相结合的观念。八卦是由阴阳派生出来的，是对自然界八种不同自然现象的抽象表达：乾为天，坤为地，震为电，巽为风，坎为水，离为火，艮为山，兑为泽。同时，八卦中的每一卦又扩展为一定的属性。八卦常见用法之一用于表示八个方位，即东、南、西、北、东南、西南、东北、西北等。

5.“堪舆学”与地坑院类型

基地地势和面积因素：地坑院的建造受传统文化八卦的影响，村民修建窑院前必请阴阳先生察看，根据宅基地的地势、面积，围绕“阴阳鱼”的八个方位，按易经八卦决定修建哪种形式的院落。依据正南、正北、正东、正西四个不同的方位朝向和地坑院主窑洞所处方位,窑院分别被称作东震宅、西兑宅、南离宅、北坎宅。东震宅的朝向最好。

地坑院和宅主的五行相生因素:豫西地坑院的建造和使用十分讲究阴阳的配合,讲究五行相生相克。每建造一座地坑院,必须首先考虑与宅主的命相是否相生(绝不能相克),然后根据相生来确定建造什么类型的宅院。

6."堪舆学"与地坑院窑孔功能

风水要求主位(阳位)要高,地势较高的方位为阳,地势较低的方位为阴,宅主应居于阳位,其他成员以长次从高向低排列,阴位则另做茅厕、牛屋、磨房等用。

它的格局使用安排是有严格要求的,特别是门主灶的配合,即哪孔窑是主窑,哪孔窑作灶屋,哪孔窑开门洞等都不能随心所欲,而窑的使用准则就是按地坑院的类型来确定的。(图6-6、图6-7)

例如:西兑宅中的兑宅院,适宜宅主为金命相者。此宅院西高东低,主门灶的配合应是西为夫位,做主窑;东北延年做门洞,西南天医做灶屋,东南六杀做茅厕,这样配合的宅院阴阳平和,居住者才能祖辈生活安乐,富有发达。根据八卦大游年图确定了此类宅院的阴阳方位,即正东为绝命(阴),东南为六杀(阴),正南为五鬼(阴),正北为祸害(阴),正西为夫位(阳),西南为天医(阳),东北为延年(阳),西北为生气(阳)。不同类型的天井院阴阳方位各不相同,但有一个基本要求,阳位地势要高,阴位地势相应要低些,保持阳强阴弱之势。

7."堪舆学"与地坑院及周边环境

地坑院不仅要注意本宅范围内的阴阳配合,保持阴阳平和,而且还苛求宅舍四周的地势和建筑物,100m以内的地势、建筑、栽

图6-6　主窑

图6-7　灶窑

树等都对本宅的盛衰有很大影响，也必须注意阳强阴弱之势。如果在本宅地界内，户主则不能在阴位上增土，建筑高大物；而如果本宅地界以外又正好在阴位上有高建筑物或高树、高地等，宅主就应在自家宅位的阳位上补救。

三、生态价值

生态建筑，用现代的定义，是根据当地的自然生态环境，运用生态学、建筑技术科学的基本原理和现代科学技术手段等，合理安排并组织建筑与其他相关因素之间的关系，使建筑和环境之间成为一个有机的结合体，同时具有良好的室内气候条件和较强的生物气候调节能力，以满足人们居住生活的环境舒适，使人、建筑与自然生态环境之间形成一个良性循环系统。

生态建筑所包含的生态观、有机结合观、地域与本土观、回归自然观等，都是可持续发展建筑的理论建构部分，也是环境价值观的重要组成部分，因此生态建筑其实也是绿色建筑，它的概念有两点要素，一是回归大自然，二是对自然生态环境有促进作用。

1.地坑院民居生态价值的体现

黄土高原地坑院村落的人们，使用最简单的工具、少量的财力就能为自己营造出一个居住空间。地坑院除了具备窑洞美观耐用、保护植被、冬暖夏凉、静无噪音的特点外，更是一种就地取材的、朴实无华的建筑形式，反映了黄土高原人们豪爽、朴实的性格。它的建筑形式受乡土文化和当地民俗的影响，同时它的建筑形式和空间特征也反过来影响了人们的生活习惯。（图6–8）

地坑院不仅经济而且节约能源。首先，因为窑洞建筑材料本身不需要消耗能源进行烧制加工；其次，窑洞在使用的过程中也

图6-8 朴实生活

不需要消耗大量的能源。也就是说，黄土窑洞建筑以极少的能源就能满足人们生活的基本需要，这是其他建筑形式不能比拟的。在豫西，冬季最寒冷的时候，窑洞内自然温度在5℃左右，而加上烧饭时的余热就可达到 10℃左右，覆土的保温与生土的蓄热特性使热量容易保持。夏季最热的时候窑洞内自然温度能达到 15℃左右，若是不开门，窑洞内自然温度在15℃以下，黄土隔热和保湿的特性使洞内阴凉。厚实的土层所起的保温、隔热作用使室内温差变化很小，所以地坑院窑洞是真正的“低成本、低能耗、低污染”的生态建筑。

2.地坑院民居使用建材的环保性

现代建筑建设基本上以砖、钢筋、混凝土等不可再生材料为主，这些现代材料在提供多样的空间形式的同时，也给环境带来了严重的污染,包括固体污染和气体污染。地坑院建设基本上不用这些材料,而采用以生土为主要建造材料,生土是可再生资源,地坑院废弃时还可以填平种植农作物,可重复利用。豫西地坑院在对自然资源的利用上,体现了重复使用、减少使用、以可再生资源替代不可再生资源的原则。

第七章 地坑院民居的保护与发展

一、地坑院民居保护的必要性和紧迫性

二、地坑院民居保护对策

三、地坑院改造设想

乡土建筑是中国建筑遗产的重要组成部分，堪称中国文化的瑰宝。时至今日，在全球化的浪潮中，保护传统聚落和民居，维护其地域特色，已经逐渐成为建筑界及社会各界普遍关注的问题。

对于地坑院民居而言，“生”与“灭”是它现阶段所处的两种状态。“生”，即地坑院的生命力，作为一种地域性乡土居住方式，它具有其存在的合理性，也符合绿色建筑的营造观念；“灭”，即是对地坑院民居现存状态的担忧，它们正面临着大量被废弃和填埋的境况。

面对地坑院快速消失的事实，对地坑院民居如何保护和发展是个非常重要且迫在眉睫的问题。首先，需要制定出地坑院保护中应该遵循的原则；然后在原则指导下，应针对不同地区的实际情况提出地域性的地坑院村落保护方法；在进行具体地坑院村落的深入调研后，可以针对其存在的问题，提出相应的适合当地特点的、经济的、可实施的保护和改造模式，以便为更多的地坑院民居的保护和发展提供优秀范例。

一、地坑院民居保护的必要性和紧迫性

1.地坑院民居保护的重要性

一个地方的建筑与当地的自然、社会文化等因素的矛盾运动本身所需要并产生了这个区域所特有的建筑形式和风格。人们常说地区主义建筑的发展应该是以传统民居为基础的，因此传统民居是地方主义建筑的“根”。

地坑院是中华文明宝贵的历史遗产，是中国民居建筑领域的华美篇章，在学术上被称之为“下沉式窑洞”，其独特的形式是民

居建筑史上的一大奇观。20世纪初期，德国人鲁道夫斯基在《没有建筑师的建筑》一书中最早向全世界介绍了中国的窑洞，使世界首次了解到这种古老民居的历史学、社会学和建筑学价值。

对于这一古老的建筑形式，清华大学建筑系教授楼庆西认为："它是政治、经济、文化的载体。在农村，它全面记载了封建宗法制度的政治、经济、文化、技术等形态，是中国民间文化的一个很重要的组成部分，给人文化的启迪与熏陶。尤其是在经济高速发展的今天，老房子拆掉，新房子起来，这是规律，我们保护它就是留下一种印记，它作为一种文化遗产，让我们知道祖宗是什么样。如果消失了，就意味着人丧失了记忆，意味着人没有了童年，没有了过去。"

每一种民居形式都是建筑从低级向高级逐渐升华链条上不可或缺的一环，都带有鲜明的地域或民族特征。地坑院建筑特色鲜明、文化气息浓厚，充分反映了豫西地区人与自然和谐相处的历史文化特征。保护这种民居形式，也就是保护中华民族从远古到现代不间断的物质记忆。随着人们生活水平的改善和退宅还田政策的要求，地坑院这种弥足珍贵的民族民间文化遗产正从人们的视野中逐渐消失，因此，保护地坑院显得十分必要。

2.地坑院民居保护的紧迫性

近几年，随着生活水平的提高和在"退宅还田"土地政策的推行下，许多地坑院被废弃、填埋，每年以数百座的速度消失。（图7–1）

随着国家经济的发展和人们生活条件的改善，居住条件也正逐步发生巨大变革。人们逐渐从地下走向地上，地坑院正被一座座砖瓦房所替代，尤其是年轻人更把地坑院看做是贫穷的体现，因此如今已经没有人建造地坑院了。因为很多地坑院没有人居住，地下村落正在加速消亡。

图7-1　废弃的地坑院

以人马寨村的现状为例，在2 000年前，该村还几乎没有砖瓦房，大家都住在地坑院内，而现在住在地坑院内的村民只剩1/5，地坑院也消失了50~60个。地坑院如果有人居住，能保持一二百年，一旦废弃很快就会倒塌。历史的摧残和雨水的冲刷也加快了地坑院的消亡。据西张村镇一位工作人员介绍，仅在2003年9月29日的强降雨中，西张村镇地坑院就有600余孔窑洞倒塌。

作为民族文化遗产的内容之一，作为民居史不可或缺的一部分，地坑院抢救工作不容迟疑。我们要积极地宣传、呼吁保护的重要性和紧迫性，将地坑院的保护纳入国家传统民居的抢救保护工程之中。让人感到欣慰的是，近年来地坑院的抢救与保护已经引

起了全社会的关注，不少著名学者、民俗专家等也都在积极献计献策，当地政府也制订和执行了一些积极的保护工作计划。（图7–2，图7–3）

例如，由当地政府出资投资用于地坑院抢救保护工程，并建成了"庙上天井窑院度假村"，形成了包括传统民俗"地坑院"保护区、现代新居"地坑院"改造区等在内的一个既反映历史，又包含吃、住、玩、乐为一体的典型"地坑院"村庄。"庙上天井窑院度假村"共有5个地坑院，各个地坑院之间有通道相连，其中3个地坑院供住宿，每个地坑院中都装有卫生洗浴设施，住宿用的窑洞内摆放的家具大多是20世纪初的样式。另外还有一个地坑院专门用于

图7–2　现代地坑院

图7-3 现代地坑院

游客就餐，有厨窑和餐厅。用于会议的地坑院有几个大小不等的会议室，最大的一个会议室可以容纳80多人。（图7-4）

“庙上天井窑院度假村”的建成，不仅将抢救、保护与开发并行，还取得了不错的经济效益和社会效益。现在陕县庙上村地坑院已被确定为河南省文物保护单位，当地文物部门正在积极划定保护范围、制定保护标准，当地政府也正在为进一步保护开发利用民居地坑院加大各项工作力度。

图7-4 窑洞客房

二、地坑院民居保护对策

1.地坑院民居保护原则

1)整体保护原则

基于地坑院民居村落最大的特色是“见树不见村,进村不见房,闻声不见人”,故对地坑院的保护要从大环境开始。保护整个村落空间的原生态环境,不仅有利于突出其主体景观特色和地方特色,又能体现乡村旅游独有的农家风光。故所有的人工设施宜小不宜大，宜低不宜高，宜藏不宜露，要注意和当地景观的有机结合，也要避免部分城市化倾向的发生。

2)保护与开发并重原则

古民居文化是人类生存发展的历史记忆。目前，古民居以其特有的魅力，正受到前所未有的广泛关注。但随着农村经济社会的发展，人民群众生活水平的提高，新村规划建设对古民居保护开发提出了严重的挑战。

在当代经济社会大潮下，只注重保护，不注重开发、不注重经济效益、不为村民谋生存的纯粹的民居建筑保存是行不通的。而且，民居最吸引人的不只是建筑本身，更是居住在建筑里面的人们的生活。这种居住和生活，展现了一种既有历史痕迹又有现实状态的美好场景。这样的建筑不是静态的，也不是死寂的，人的生活充盈着它，历史与文化在这里循环往复，不是定格与凝滞，而是持续与发展。

在现代经济高速发展、思想快速转变、物质流通方便的社会，单纯要求村民居住他们不愿意居住的地坑院是不合理的，必须给他们提供一个既居住舒适又能创造经济效益，还要让他们在思想上认为是先进的有发展前途的新地坑院模式，才能有效地促进地坑院保护和发展，这就是保护和开发相结合的原则。

由于我国乡土文化保护的意识普遍不高，有些再开发行为置古村落文化遗产的真实性于不顾，擅自在古民居内进行迁建、复建或兴建人造景观，破坏了古民居和谐的人文和自然环境，不断造成乡村、民族、地域特色丧失的趋势，甚至使古民居破坏有加剧之势。

此外，对古民居的保护开发应由政府组织专家给予技术指导。目前的古民居仍由村民住着，从而使得宅主人常常根据自己生活需要对住宅建筑进行改动和更新，或者无力修缮而破损，很

难保存原状。但若把产权买过来，不住人，也不是好办法，不光是资金匮乏问题，而且房子无人住易损坏。农村不可移动文物周边存在较多"违章"建筑，再加上急剧膨胀的农村人口与越来越少的宅基地的矛盾，使得农村建房非常杂乱无章。

3）可持续发展原则

建筑学家荆其敏、张丽安教授在其著作《中外传统民居》中这样描述窑洞民居：中国的生土窑洞民居建在黄土高原的沿山与地下，是人工与天然的有机结合，冬暖夏凉，不破坏生态，不占用良田，就地取材，经济省钱。有的整个村庄建在地下，是建筑生根于大地的典型代表，其自然风格与乡土气息充分体现了敦厚朴实的性格，乡村住宅寓于大自然之中，好像是大自然的延续。

地坑院村落、窑洞式穴居与大地联成一体，是自然图景和生活图景的有机结合，渗透着人们对黄土地的热爱和眷恋之情，从现代绿色生态建筑的角度来看是属于"原生态建筑"。

怎样使传统窑洞民居保护也和建筑本身一样，走上可持续发展道路？学者屈德印、邢燕在其专著中说：一、首先应看到窑洞民居在生态、经济、节能、节地和建筑文化方面的价值；二、应做好窑洞村落的规划。

地坑院景观资源是珍贵的自然与文化遗产，资源的开发和利用应该以有效保护为前提。开发实施是一个动态过程，必须有利于分期建设和逐步实施，注重开发序列与开发强度，尤其要摆正经济利益与资源保护的关系，着眼全局，着眼长远，最终实现可持续发展。政府对窑居环境的改善应有统筹计划，简单的推、填、复垦是行不通的，应鼓励青年建筑师面向农村，在深入了解住户的心理和行为，了解乡风民俗、宗教伦理观念、人口发展规模等因素之后，进行建筑的特色设计，才能建设出符合生态保护的新窑居村落。

2.地坑院民居保护计划

1)政府引导、村民参与

政府应把文化遗产保护法作为宣传重点,展开多种形式的宣传,使文化遗产保护意识家喻户晓,深入人心,成为全体社会公民的自觉行为。只有进一步增强广大群众依法保护文化遗产的意识,才能营造出保护文化遗产的良好氛围和舆论环境。

保护地坑院需要当地政府因势利导,规划管理,也需要加强宣传和研究,只有这样才能把地坑院保护工作做好。地坑院记载着当地的文化和历史,应该予以保留,但全部保留也不现实,可以针对典型的村庄加以保护。对成片集中、数量较多的地坑院不要急于毁填,在与国家土地政策不相冲突的原则指导下,引导居民将地坑院保留下来,以便将来进行合理管理和修缮,达到保护甚至开发的目的。

2)择优保护,加强规划

应制订切实可行的古民居保护开发规划,决定哪些建筑物必须保存,哪些在一定条件下应该保存,哪些在极其例外的情况下可以拆除。并依法建立有效保护机制,选择保护古民宅、古祠堂、古桥梁、古街道以及古树名木等,保留农村历史文脉,避免对古村落原有环境风貌的破坏。应把古民居旅游资源作为一个整体看待,统筹安排开发项目。(图7-5)

此保护方法分两个层面进行,即村落层面和单体层面。村落层面:在陕县塬上,地坑院村落分布比较广泛,但有的村落地坑院保存完整,有的则基本上填埋完毕,剩下的也是没人居住且占用土地的危院。因此地坑院村落保护要在整体上合理规划,使这些村落在整体上是系统且便于发展旅游的。单体建筑层面:在确定进行有效保护的村落里面, 地坑院的状况也是各不相同的,需要进行整体村落规划,有选择的保护、修缮。

图7-5　农村历史文脉

需要保护的地坑院包括：时间比较久远的，建筑质量较好的，对村落地坑院格局具有重要组成意义的，现在仍然有人居住的，等等。需要填掉的包括：即将坍塌的，处在村落较为孤立位置的，等等。对于保留的地坑院村落也要做好以下工作：首先，在政府扶持下，发扬公众参与意识，对窑居村落环境进行有计划的统筹改善；其次，修缮较为久远的地坑院，使其在向人们诉说它悠久的历史的时候，依然“健康”；最后，恢复传统村落格局，强化格局形态。

在投资有限的前提下，可选择资源价值高、地域组合好、区位条件和社会经济条件相对优越，具有代表性和吸引力的古民居旅游资源作为重点，优先投资开发。

3)发展和地坑院民居相关的特色旅游

(1)旅游线路的设计：地坑院作为较小的民居建筑类型，在旅游市场竞争中,分量相对薄弱。单独一个地坑院村落是形不成旅游资源的。最重要的原因就是没有规模效应,除了单纯进行研究的学者愿意来这里外,旅游的人们不可能单单为了一个地坑院村落来这里旅游。因此单纯以地坑院主体的观光旅游是不成熟的设想,地坑院固然独特,但人们看多了会视觉疲劳。因此,要发展区域旅游,要对整个区域进行旅游规划,把地坑院观光作为旅游线路中“建筑文化”环节来处理较为现实。

打算对一个古民居村落进行旅游资源的开发时,要考虑民居与周边景区、景点的组合,通过不同组合,形成合理的景区和线路。对于那些文物价值高、开发潜力大但又濒于破败的,则应进行保护和抢救维修。这样才能形成一条丰富而有吸引力的旅游路线,以免因景点过于单一而影响市场竞争力。

(2)旅游基础设施和社会服务设施的完备:基础设施的完善,是吸引游人参观旅游的重要因素。当地应为游客提供舒适的、方便的生活起居,提供可口的饭菜,提供优质的服务,提供相应配套设施服务和便利的交通。同时,各种配套的旅游产品的开发也应随着旅游的逐渐开发而逐渐完善,为游客提供度假、休闲的舒适生活。开发中要注意不能盲目的大量开发,从而导致村落环境的恶化,走向适得其反的道路。资金的投入要适度,开发初期,要投入一定的资金进行基础设施建设。(图7-6)

(3)交通的便利:人们在做旅游决策时倾向于追求最小的旅游时间比和最大的信息收集量。因此,旅游开发地应处于交通便利、方便可达之地。同时,旅游开发地最好处于成熟旅游线路的附近,可以借着成熟旅游线路的优势,作为其中之一的旅游游览地,以利于引发游人的兴趣。

(4)有独特的地方特色。保存较完好特色是旅游的生命:随着旅游景点的增多,人们越来越追求体验不同地区、不同地域的特

图7-6　配备现代基础设施的地坑院

色。因而，传统聚落只有具备突出的地方特色和独特的人文、风俗、风光等才能吸引游客。坚持特色、发扬特色，是传统聚落旅游开发的前提。同时，传统聚落应具有完整的风貌，自然环境、人文环境、人工环境应是有机结合统一的整体。只有有机统一的整体才能更好地表现出地方特色。这样游客在旅游中就可以完整地了解、参观、体验当地的特色，并从中受益。（图7-7）

（5）村民的积极性：村民是展示村落整体风貌和农耕文化的

图7-7　独特的地方特色

主体。自然聚落的形态和情态离不开村民在其中的生产生活。同时,在旅游开发中,村民对开发、保护的态度起着至关重要的作用。村民在旅游开发中的积极性,有利于增强居民对聚落的认同感和自豪感,有利于对传统聚落民居进行更好的维护和保护,从而加强对旅游资源的保护。通过旅游开发,村民亦可从中受益。

(6)发展特色旅游应注意的问题。对有保护价值的窑居村落进行旅游开发是一项复杂的事情,要综合考虑各方面的影响。

首先,“真实性是乡土建筑保护的根本要求”。传统窑居村落的保护应为开发性保护。窑居修复后应继续鼓励村民在里面居住生活,不应单纯为保护而保护,歪曲了乡土建筑的基本价值。窑居村落向游人展示的不仅是建筑自身,还应包括当地的传统文化、生活习惯、风俗民情等。

其次,利用传统窑居聚落开发旅游业,不可避免要进行新的建设,这要求保护工作者谨慎地进行新建筑的规划、设计,注重新、旧建筑的协调一致。

最后,应特别注意保护和美化村落周围的自然环境景观。传统窑居聚落与自然环境的紧密联系是其重要的特点之一,要完整地保护一个村落,就应该重视它的自然环境、田园风光以及“风水”。地坑院度假村的许多物质细节,窑洞、老家具、方格粗布、农家饭,可成为满足这种追求的道具。度假村还应有喜庆热闹的豫西婚俗表演、果园观光与采摘苹果等体验活动。这种民俗旅游既是访古寻根,又是生态休闲。据了解,近年来到庙上村旅游的游客一年比一年多。(图7–8)

图7-8　农家特色

三、地坑院改造设想

以西张村镇庙上村的地坑院改造为例，按照该村地形条件和窑洞民居的布局现状，可将村中心区已经破败的旧窑洞进行改造、修葺、加固，整合成块状组团，可使规划在原则上保持原有格局不变，并在小组团中间空地设置集中停车区和集中休闲区。这

样的改造计划在实施后既能解决地坑院占地面积大的弊端，又能大大改善室内的居住环境，也能方便来观光的人们上下通行和解决停车难问题。

1.处理窑顶渗水，开发窑顶空间

地坑院民居存在和发展最大的问题就在于其占用土地面积过大，人地矛盾突出。地坑院一般占地 1.2亩左右，院内约占0.3亩，地上窑顶部分占地大约0.9亩，可见窑顶占地面积大是地坑院占用土地多的重要原因。因此，如若窑顶空间得到利用，人地矛盾就能得到有效解决。

由西北建筑工程学院杨志威教授主持的"建设部八五科研课题"的总结报告中，提出了"双层结构"的窑洞防水技术，即"在黄土中设里砂层，可以减缓和阻止雨水下渗速度和总量，起到保护窑洞安全、减少窑洞灾害事故发生的作用。"同时，通过事例证明了"双层结构"防水结构层的窑顶上种植大量农作物的可行性和可靠性，提高了土地资源的利用率。

在地坑院改造中，我们就运用了杨教授的这种防水技术，并加以改进。窑顶设置从上到下分别是：50cm种植土层；80cm防水砂层；1cm防水卷材层；10cm钢筋混凝土层。其下面即为厚厚的黄土层。窑脸采用砖贴面作为垂直防水层，防止雨水冲刷塌落。全区窑顶种植，有利于减轻大气温室效应并改善空气质量。

2.解决通风、采光问题

地坑院民居之所以被现代居民快速放弃，是有其自身原因的。对比现代住宅，地坑院有通风不畅、阴暗、潮湿等不利因素。因此，若希望村民们继续生活在地坑院里，就得针对地坑院的这些建筑弊端，提出相应的有效改善措施。

例如，在窑洞后部从上到下挖出1m宽的采光通风井，通风井地面以上加通风窗，和窑洞后部开窗形成通流，可以对室内防潮

起到很好效果；在通风窗上部，可以利用现代建筑材料设置防水并兼采光的玻璃罩，光线从玻璃罩射入，经通风井下部45°放置的平面镜反射，射入室内，加上地坑院门窗采光，室内光线就变得柔和舒适了。

3.解决交通问题

交通不便，现代农机车辆无法进入，是地坑院无法适应现代社会发展的另一个重要原因。改造中，首先，我们提出村民农机车辆在地面上有规划安置，在村落中集中的规划出停放区域，有必要的话，可以搭建简易停车棚或停车库，便于村民停车；其次，改造地坑院通道，适当减缓地坑院通道坡度，对通道适当加宽，并在通道中间铺设砖石台阶，方便村民出行。

附录1　典型地坑院调查表

地点	兴造年代	形态特征	保存现状
陕县西张村镇人马寨村	明代末期	方形,孔数不详	已荒废
陕县西张村镇南沟村	明清时期	方形,8孔窑	正常使用中
陕县西张村镇庙上村	清朝	数量较多	保存状况良好
陕县西张村镇后关村	新中国成立后	有长方形,16孔窑(最大地坑院)	正常使用中
陕县宜村乡宜村	新中国成立后	数量较多	正常使用中
陕县东凡乡尚庄	新中国成立后	数量较多	正常使用中

附录2　不同地坑院分布地区降水情况比照表

省	站	年降水量(mm)		1950~1990年降水量		
		1928	1929	多年平均降水量(mm)	最小年降水量	
					年份	降水量(mm)
陕西	泾阳	239	304	577	1977	293
	城固	459		810	1966	492
河南	陕县	272		572	1969	388
山西	平遥	213	313	492	1986	278

附录3　河南省地坑院营造技艺调研记录

时间:2009年4月2日上午

地点:陕县西张村镇人马寨村王银牛地坑院内

主持人:尚根荣

记录整理:尚根荣

调研方式：采用华北水利水电学院拟订的《河南地坑院营造技艺调研提纲》，逐题询问解答。

参加人员：

三门峡市非物质文化遗产保护中心主任、群艺馆馆长员更厚，陕县非物质文化遗产保护中心主任、文化馆馆长尚根荣，陕县广播电视局摄像师刘云、人马寨村村委主任王三虎以及当地熟悉地坑院营造技艺的各类人员12人。

一、历史、环境、社会部分

（一）地形地貌、地质构造、黄土特性等

1.地形地貌

（1）问：为什么叫“塬”？有没有别的名称？

答：塬是对黄土台阶平原的特称，除此以外没有别的名称。

（2）问：塬与沟底高差有多少？

答：100~300m。

（3）问：每年土层有无冲刷，风吹剥蚀？

答：有，而且很严重。

（4）问：有无洪水？历史上有无记载？

答：无。

（5）问：水往什么方向流？雨后几天能干透？

答：水向四周沟壑流淌，方向不一；雨后一天即可干透。

（6）问：浇地水从何来？

答：机井、沟底水库。

（7）问：从塬上走到沟底得多长时间？路好走不？

答：20~30min，下沟的路不好走。

（8）问：住在沟里、崖边和塬上有无区别？

答:沟里、崖边主要是靠崖院,塬上是地坑院。

(9)问:耕地离家有多远? 人均多少耕地?

答:最远2km,人均耕地1.5亩左右。

2.环境、植被

(10)问:一年四季什么季节条件最恶劣?

答:冬季。

(11)问:什么地方土壤最肥,最利于农作物生产?

答:塬中心。

(12)问:1949年以来都主要种什么? 还有别的什么经营?

答:小麦、玉米、棉花、苹果等。

(13)问:都有什么植物及农作物? 什么品种最多? 最大的树是什么? 多大,多粗? 要长多少年?

答:最大的树是槐树,5人环抱,2 000多年。

(14)问:空气、水怎样? 有无污染和地方病? 缺碘吗? 盐贵吗?

答:空气清新,水质良好,无地方病。

(15)问:什么东西长得最快?

答:野草长得最快。

(16)问:有无野兽?

答:1949年前有野兽。

3.地质、土壤

(17)问:有无地震? 历史上有无记载?

答:有,但没听说造成太大灾害。

(18)问:有无塌方、滑坡?

答:沟里每年都有。

(19)问:土壤肥沃,还是贫瘠?

答:塬上肥沃,沟坡贫瘠。

(20)问:什么地方土最好?

答:塬中心土质最好。

(21)问:土中都有什么成分? 有无虫蛇? 最适合种什么?

答:有蚯蚓等,最适合种小麦、玉米、苹果等。

(22)问:干土结实不? 有无壁立现象? 能挺多长时间? 水渗入土壤有多深?

答:有壁立,渗水约50cm。

(23)问:冬天有无冻土? 多深?

答:有,50cm左右。

(24)问:土中空洞多不多?

答:不多。

(25)问:植物、树木根能扎多深?

答:5m。

(26)问:地下6m深土有多潮?

答:能捏成团。

(27)问:土层空隙厚不厚?

答:不厚。

(28)问:地下水有多深?出水量多少?一年四季水位、水量有无变化? 水咸吗? 水温如何? 旁边有无坑塘、河流? 井水与它们有无随之变化的关系?

答:30m,夏季水位高,不咸,水温冬暖夏凉,有坑塘无河流,井水变化与它们关系不大。

(二)气候

(29)问:各季节降雨有什么区别?地面存水多久?何时能干?多少年会有一次多雨的年份,最多时有多少?

答:夏秋季降雨最多,地面一般不会存水,很快就干,十年九旱,最多时年降雨量800mm。

（30）问：何时下霜？何时无霜？最大雪有多厚？冬季外边冰最厚多深？塬上、沟里雨雪有无区别？

答：霜降后下霜，其他季节无霜，最大雪30厘米厚，冰层8厘米左右，塬上和沟里雨雪无区别。

（31）问：常刮什么方向风？什么时候风多、风大？对生活有无影响？

答：春季东风，夏季南风，秋冬季西北风；冬天风最大，对生活无影响。

（32）问：空气什么时候最湿？最干燥？窑洞内经常潮湿还是干燥？最潮时要多久才能变干？

答：伏天潮湿，冬天干燥。

（33）问：什么时候最热？能热到什么程度？热多长时间？

答：伏前最热，最高温度38度。

（三）经济、形态、产业、作物

（34）问：经济收入怎样？在陕县处于什么水平？和周围比怎样？有无大户？大户住的什么房子？家庭经济情况不同，所修窑院有无区别？

答：经济收入处于陕县中上等，有大户，主要是开采黄金，住两层楼，家庭经济好的地坑院，一般都穿靴戴帽（有拦马墙、砖窑腿），不好的没有。

（35）问：各乡镇、村子来往方便不？亲戚都有多远？多长时间来往一次？走一次亲戚花多长时间？

答：方便，10km以内，3个月左右来往一次，半天左右。

（36）问：离县城有多远？怎么去？去一次花多长时间？多少路费？有无去过其他地方？是哪里？

答：20km左右，坐公交车，1天，2元左右，去过三门峡、郑州、洛阳等。

(37)问:各村(各塬上)风俗、习惯、生活有无差别? 有哪些不一样?

答:差别不大。

(38)问:都种什么庄稼?除农业外有无别的收入?庄稼在哪里打、晾晒、存放? 如何运进地坑院?

答:小麦、玉米、棉花,别的收入是苹果,外出打工;庄稼在地坑院崖上场里打、晾晒,用编织袋背到地坑院窑洞里,有些用地溜(窑洞上挖个窟窿往下流)。

(39)问:哪里适合建地坑院? 哪里不能建地坑院? 有无界限(分界)?

答:低洼处不能建,无明显界限。

(四)历史沿革

(40)问:何时有地坑院? 谁最先建的? 为什么建? 有无书或传说? 现存的地坑院哪里最早? 有无记载、碑刻和族谱?

答:不详;有传说:西汉时王莽撵刘秀,抓了许多俘虏,挖一个大土坑当做监狱,下雨时,俘虏挖了许多避雨的小窑洞,这便是地坑院的雏形。现存的最早200多年,无记载。

(41)问:本村都有哪些姓氏? 何时、从哪里来的?

答:人马寨村主要姓王,明朝时从山西洪洞县大槐树地方来。

(42)问:都有哪些与建房、建窑有关或与本村有关的民谣、民谚、俗语、民间传说?

答:“空调电风扇, 不如住在地坑院”,“人是窑哩券”,“陕县人,生得能,挣下钱,挖个坑”。

(43)问:有无老碑、老庙、老井、老树、老宅?

答:有。

(44)问:出过什么名人、名著?有无出名的工匠和手艺人?

答:无很有名的。

(45)问:有何特产?

答:苹果、大枣等。

(46)问:有无大的战事?

答:殽之战、假虞灭虢、抗日战争等。

(五)生活与使用

(47)问:你认为地坑院哪里好?哪里不好?最大的好处是什么?最不好的地方是什么?

答:最大的好处是:冬暖夏凉。最不好的是:潮湿,上下不方便。

(48)问:地坑院出入方便吗?车辆和牲口咋进?闷气吗?什么时候最厉害?在院子里都能干些什么?

答:不方便,车辆不能进去,不闷气。

(49)问:邻里之间咋串门、打招呼?咋来往?窑洞之间会不会挖通?

答:晚上串门,打招呼"吃了没有?",不会挖通。

(50)问:窑内夏天热吗?冬天冷吗?什么时候烧坑?什么时候停止?窑内做饭烟能排吗?对眼睛、呼吸有无影响?住窑的人是否容易得关节炎?村中人最多得的是什么病?

答:冬天不冷,夏天不热。12月份开始烧炕,第二年3月停止;做饭烟从炕洞里排出,无影响,不得关节炎。

(51)问:窑洞内什么位置最好?太阳能照到什么位置?

答:窑洞前面位置最好,能照到窑洞里前3m。

(52)问:有无神位?什么神?放在何处?啥时间祭拜?

答:有,土地神,在门洞里,灶爷神在做饭案板上,祖宗牌位在窑的后面，一般在春节时祭拜。

(53)问：地坑院多长时间要修一次？窑顶最怕什么？什么时候修？用什么东西修？咋修？

答：随坏随修。最怕旋顶(窑洞顶部塌下一块)，修时用土坯、砖块箍起来。

(54)问：地坑院可以用多久？用时要注意什么？最怕什么？

答：只要住人，多长时间都没问题。要注意经常碾场，最怕窑顶积水，崖上的水流下来。

(55)问：如何解决潮湿、通风、防霉、采光、纳凉等问题？

答：窑隔、窑顶留通气洞，安装窗户、风门。

(56)问：如何防虫、防鼠、防火、防水淹？怎样逃生？

答：防鼠用灭鼠药，其他没问题。

(57)问：如何防止小孩和动物跌落等问题？

答：拦马墙。

二、地坑院建筑部分

(一)村落规划

(58)问：选择什么地方建村庄？首先考虑什么因素？什么因素有利，什么因素不利？同其他村，老村离开多远？陕县不同地方建村讲究有无区别？沟里、崖中有无村子？大、中、小村都有多大规模(占地、人口)？

答：首要因素是种地方便，村与村距离一般在2千米左右，原来都住在沟里靠崖院，后来都搬到塬上住地坑院。最大村庄有4 000多人，最小有200多人。

(59)问：建村时需要安排什么内容？具体放在村子的哪个地

方？路的位置、宽度、数量怎么定？第一家建在何处？邻里间有无约定？地界会不会打架？

答:开始村子一般都在沟边上,后来逐渐往塬中心移动,宅基地都有四至界限,邻里原来纠纷较多,这些年几乎没有。

(60)问:有无宗祠神庙？建在何处？谁来组织？村人在哪里议事？婚丧仪式在哪里办？在哪里请客吃饭？村里还有没有其他大家集资建的项目或一齐办的事情？有无社火？在哪里表演？

答:原来有祠堂,现在已无。村人议事一般在村部,婚丧请客在崖上场里搭棚待客,有社火,在学校、庙院表演。

(61)问:建地坑院有无顺序？按什么排列？同姓人是否排在一起？谁来决定？村中空地建满了怎么办？院宅能否买卖？族长干预不？

答:建地坑院由村里统一安排,空地建满了,占耕地;院子可以转让买卖,没人干预。

(62)问:道路、排水沟谁修？水排向何处？邻居间是否会因排水发生矛盾？天下大雨时,水能否排走？多长时间？

答:自己院子的排水自己解决,道路统一安排,因排水经常发生矛盾,下大雨水会很快排走。

(63)问:吃水井水位一年当中会不会升降？人多时,水位下降得明显不？用几年后水井要不要往下掏？

答:井水水位会因村里机井抽水而下降,一般每年掏一次。

(64)问:地坑院会不会失火？失火时怎么扑救？

答:不会。

(65)问:村中都种什么树？树根对窑洞有无破坏？

答:有各种树,崖上的树都栽在四边,树根太大对窑洞有破坏,但一般不会。

(66)问:一座地坑院占地多少？最大的多少？最小的多少？一

个村子有多少个地坑院？如何加入新的地坑院？满了以后怎么办？村子与外面交通咋办？全村人在哪里活动？有无戏台？村里有什么公共场所？

答：一座院占地，最大2.5亩，最小1亩；一个村子里的地坑院一般在100座左右，最多达280多座。公共场所是学校、庙院。

（67）问：什么地方有地坑院？它们是不是一样？质量上有无差别？哪里最多？最好？有没有其他样式民居？老百姓根据什么来选住宅样式？一个村里有几种样式？

答：塬上村里都有，样式基本一样。

（68）问：地坑院之间离开多远？

答：地坑院一般间隔12m左右。

（69）问：地坑院有多少种样式？它们的名字？尺寸？每个地坑院的窑洞数量怎样定？入口有多少种？有无名字？坡道有多少种？什么名称？

答：最常见的有四种：东震宅、西兑宅、南离宅、北坎宅，窑洞数量一般在8~12孔，为偶数。数量根据地基大小而定。入口基本上都是L型的。

（70）问：地坑院藏在地下，人会不会迷路？找不到家？

答：不会的。

（二）单体建筑营造

1.策划组织

（71）问：建地坑院由谁来安排？开始前筹划要作哪些打算？做什么准备？自己或请人来操办？

答：首先要审批，然后请风水先生定方位和宅院类型。

（72）问：每年何时能建？为什么？有哪些过程？每段多少时间？建成得多少时间？

答：随时都可以建，先挖天心，再挖门洞、主窑，以后就随意了。

（73）问：在什么地方建最好？不同方位有无高低级别之分？适合什么样的身份和家庭？什么地方不能建？

答：后有靠山最好，主位要高，低洼处一般不能建。

（74）问：建设地坑院需要什么条件？

答：黄土层要厚，地下水位要低。

（75）问：怎样策划，议事？有无程序？

答：审批，请人帮忙等。

（76）问：挖窑院的顺序是什么？何时建大门、修坡道？何时装门窗、放家具、搞装修？它们的顺序及名称？

答：先挖天心，再挖门洞、主窑，窑洞粉刷好后就可以扎窑隔，然后放家具、住人，院里的窑大部分都挖好后，就可以建拦马墙了。

（77）问：建地坑院都用到什么材料？用在什么地方？在哪里得到这些材料？

答：主要用砖瓦，木头，用在拦马墙、窑腿、窑隔等地方，木头主要做门（老门、风门）窗，砖瓦主要是买，木头可以用自家的。

2.择地

（78）问：谁来选地？谁做决定？根据什么来选？用地怎么来？宗族族长或重要人物是否参与？何时请风水先生？何时择地？要不要花费？

答：村委决定地基，方院时请风水先生，花费不大。

3.定向、选规模、定类型

（79）问：谁来决定朝向、规模、类型？

答：风水先生。

（80）问：是否每个村都有风水先生或懂得风水的人员？

答:是的。

(81)问:如果没有,到哪里去请? 费用如何?

答:本村没有到外村请,费用不大。

(82)问:风水先生在决定时,根据什么? 有哪些步骤、动作和仪式?都是什么意思和名称?风水先生完成选择、测定需要多长时间?

答:根据地形确定类型,用罗盘定方位,下桩画线等,没有什么仪式,半天左右即可。

(83)问:选择建地坑院有无规矩、讲究? 有无书籍、规则和仪式? 如何定点、定位、定范围?

答:主位要高,主窑与正方位偏差15°,主窑面要宽,下主窑面要短3cm,先定主窑面的两个点,然后定下主窑面的一个点,拉对角线确定另外一个点,保持四面平行。

(84)问:怎样放线、立桩、立标定物(基准)?

答:在确定的四个点上,下桩、画线。

(85)问:人力物力花费如何估量?

答:不用估算。

(86)问:要不要请专门匠师?何时请匠人参与建造?本地有没有出名的匠师? 契约签不? 最少多少人? 怎么分工? 怎么组织?

答:开始挖时,主要请亲戚邻居帮忙。毛坯出来后,需请土工刷洗崖面、窑顶,扎窑隔、拦马墙等需请泥瓦工,如做门窗,需请木工。说好工钱即可,不定契约。

(87)问:需不需要专门技术? 有无诀窍? 师傅怎么带徒弟?

答:无特殊技艺,泥瓦工和木工带徒弟和平时一样。

4.设计

(88)问:有无修建计划? 先干什么? 后干什么? 怎样检查? 有无标准? 标准是什么? 建地坑院时,职责、工种、时间咋划分? 报酬

怎么定？总共花费多少？如何支付？

答：顺序是：挖天心、打门洞、挖主窑、泥粉刷、扎窑隔、装门窗、修拦马墙等，无一定的计划，也无严格的标准。匠人工钱随行就市，完工后即支付。

(89)问：有无设计？谁来设计？根据什么设计？是否画图？画在何处？用什么工具画？各组成名称？窑院是否有不同形式？名字含义？深度、高度、宽度、洞顶弧度怎么定？最先建什么？是否有基准点？是否有基本单位(孔、洞、口)？窑院的规模按什么来设计、称呼？

答：没设计、不画图，有基准点，窑院的规模按8、10、12孔(眼)窑院称呼。

(90)问：如果是同一类型、规模窑洞、遇上各家又有不同的要求时怎么办？怎么调整？

答：大原则是不能变更的，小的调整自己做主就行啦。

(91)问：工匠何时参与？谁来放线？

答：风水先生放线，自家人挖土，土工刷洗崖面，瓦工做拦马墙、扎窑隔，木工安门窗。

(92)问：设计地坑院都要考虑哪些？相互位置怎么定？设计过程是什么？设计者和施工者是否为同一个人？如果不是，如何向施工者交代、监督、检查？

答：不用设计，大框框都一样，根据自身经济条件，进行修饰。

(93)问：在设计时，其他人(邻居、族人、同辈)是否参与？谁来决定？

答：主要是宅主和风水先生设计，其他人不参与。

(94)问：土方运送及其通路、通风、除湿、采光、排烟、防水害、防塌方以及特殊情况下怎么处理(各宅情况可能不一样)？

答：土方运送一般是肩挑、辘轳往上绞提，弄上来的土，一般垫在崖上的场里,使之形成斜坡,便于雨水流淌。

5.动土、动工(方院子)

1)时机选择

(95)问:什么季节动工?

答:随时都可。

(96)问:要否选黄道吉日?

答:需要。

(97)问:谁来掐算?

答:风水先生。

(98)问:谁来决定、拍板?

答:宅主。

(99)问:有矛盾冲突(如天气、人员、意外)时怎么办?

答:调整时间。

2)施工队伍

(100)问:有无包工头?是否签契约?出现意外怎么办?窑洞质量保证多长时间?有纠纷怎样解决?

答:个别家庭条件好的有包工,包给土工,一下完成。无保质期,纠纷主要是崖面、窑面是否平整。

(101)问:有多少人参与建造?最多用多少人?最少用多少人?一班有多少人?什么时候干活?晚上干不?下雨天能干吗?

答:最多50人,最少一个人也行,晚上一般不干,下雨天可以打窑。

(102)问:都有什么匠人参加?有几个工种?

答:土工、木工、瓦工。

(103)问:干活人报酬如何计算?计日?计件?

答:一般是计日,个别的大包干。

3)动工仪式

(104)问:有无仪式?有什么仪式?有哪些程序和讲究?谁来主持?谁参与?举行时间怎么定?有无禁忌?

答:一般是放炮、焚香,然后主人动手挖第一锹土,开工当天的日子不能和宅主相冲。

(105)问:怎样放线?何时放线?用什么工具操作?留下什么标记?

答:风水先生放线,用罗盘定方位,用木橛做标记。

6.开天井

(106)问:参与者如何分工?工作多长时间?都有哪些工种参与?

答:开天井主要是自己家里人干,大轮廓成了后,再请人刷洗崖面。

(107)问:用什么工具挖、装、提升、运输?

答: 镢头、铁锨、筐、辘轳、架子车等。

(108)问:工作顺序及要求标准?

答:先挖天井轮廓,再刷洗崖面,标准是平整,不出现凹凸不平。

(109)问:如果地形有问题(风水,排水方面)是否此时调整?怎样调整?

答:排水有问题,可以将天井的土垫高,使之排水顺畅。

(110)问:遇到问题(巨石、地下水、坚硬土层、墓葬、东西归属、塌方)怎么办?

答:遇到这些问题,先清除,然后用土坯做起。

7.开井内地平

(111)问:如何定平?如何找坡?以何处为基准?用什么工具?地坪是否夯实?

答:用水平尺定平,有一定坡度即可,地坪要夯实。

(112)问:汇水方向怎样定?向哪里找坡?高差多少?

答:汇水方向是院内的阴位,一般在厕所窑前,高差5cm左右。

(113)问:渗井(渗坑)何时挖?位置在哪里?多大、多深?会不会挖出地下水?井底、井壁是否处理?有没有被雨水灌满过?有几次?渗井何时挖?用什么工具挖?是否有专人来挖?挖的顺序和标准?上面盖何时做?有无名字?

答:渗井在厕所窑和五鬼窑前面,直径1m,深度和天井院深度一致,不会挖出地下水的,井底铺灰渣。没听说过被雨水灌满,上面一般盖的是铁脚车轮或石磨,无名称。

8.开窑洞

(114)问:如何放线,定位?先挖哪个?后挖哪个?有无顺序或口诀?

答:按照崖面上要开几孔窑洞,找出中间位置,根据窑的高度、宽度,用镢头在崖面上画出大致轮廓,然后开挖出行坯。

(115)问:窑洞都有哪些型号或尺寸?有无名称?适合什么用途?高度、宽度用什么工具确定?工具名称?

答:主窑一般是九五窑(高9尺5寸,宽9尺),其他都是八五窑(高8尺5寸,宽8尺),用皮尺来确定。

(116)问:天井院地坪高度、窑内地坪高度是否一样?窑腿宽度怎样定?转角窑宽度、高度怎样定?

答:一致,窑腿宽度一般在1.5~1.8m,转角窑高宽和其他窑一样。

(117)问:都会用到什么工具?自制还是购买?能用多长时间?挖,铲,运,修整都用什么工具?

答:刷洗崖面、窑面用的是四爪耙,一般是当地铁匠打制的。

(118)问:洞内高度(矢尖)宽度是否一样?为什么?从多高开始起拱?拱的曲线如何控制?会用到什么工具和技巧?谁来操作?

答:窑洞应呈现前高后低,一般落差15cm左右,利于出烟。九

五窑从地坪5尺5寸处起拱，八五窑从4尺8寸处起拱，拱的曲线由两根“腰带”和矢尖线控制，需要土工来操作。

（119）问：一面窑脸上几孔窑洞高度、拱顶曲线是否要一致和协调？窑洞是否对称？怎么定？用什么来定？

答：除主窑高大以外，其他窑洞都一致，窑洞排列应该对称。

（120）问：挖掘时会否塌方？是否挖挖停停？停多长时间？挖到深处时，人员是否闷气？如何解决？

答：一般不会塌方，需要挖挖停停，停1个月左右，不会出现闷气现象。

（121）问：洞壁是直的还是弧的？交接处叫什么？这个高度怎么定？为什么？

答：上面是弧的，下面是直的，交接处叫腰带。

（122）问：如何让窑洞修整得尺寸准确、表面平整？洞壁是否挤压密实？

答：请有经验的人用四爪耙刷洗，一般会平整的。

（123）问：是否在腰带处剔“基准槽”？用什么剔？多宽？多深？多长？起什么作用？如何控制水平？用什么工具？用什么工具控制垂直？

答：需要的，用尖角（洋镐）剔槽，3cm左右，用水平尺控制水平，用线坠控制垂直。

（124）问：一般工作量最大时，能挖出、清出、运走多少方土？需要多少人？

答：日工作量最大出土量在100m^{3}左右，需要5~7个人。

（125）问：何时挖通风洞和烟洞？用什么挖？怎样挖？怎样控制垂直度和方向？要挖多长时间？

答：扎窑隔时挖烟洞，用洛阳铲捣洞，线坠控制垂直度，半天即可。

9.修建窑脸

1)坯砖制作

(126)问:何处用砖?何处能用土坯(糊琪)?交接处是否要处理?

答:窑隔、拦马墙、窑腿等处用砖,拦马墙处的瓦槽下面、盘炕、窑洞维修等用土坯,交接处用泥或者灰抹平。

(127)问:怎样做券顶弧线?用不用模板或托架?

答:不用模板,也不用托架。

(128)问:怎样固定门窗?是否留安装洞?

答:先做门窗两边的墙体,然后放门窗,不留门窗洞。

(129)问:8窑脸各部分名称?样式?含义?

答:窑脸平面弧形部分用24砖平裱,突出部分用12砖横砌,没有其他名称。

(130)问:糊琪怎样做?选什么材料?怎么制作?用什么东西做?工具名称?制作程序、口诀、要求?糊琪的尺寸是多少?为什么是这样?怎样弄干?晒或晾?多长时间干透?这个时节当地一般多长时间下雨或雪?糊琪有多硬?水能透进多少?能用多长时间?怎样修补?

答:糊琪有专制的模框,把土浇湿拌匀,装到模框里用石夯打平实,脱出来摆成行,再叠加若干层,晒干,即可使用。硬度类似砖,但怕水。

(131)问:砖从哪里来?尺寸多少?尺寸能不能与糊琪配合上?自制时程序及要求是什么?

答:砖一般是购买的,与土坯相配合。

2)下肩墙

(132)问:砌跟脚(护墙)多厚?多高?地上潮气能顺墙往上走多少?

答:砌跟脚12cm厚,60cm高。

(133)问:跟脚有几种砌法?泥灰怎么配?什么材料和比例?

答:跟脚主窑一面,高60cm,其他50cm。

(134)问:不砌砖跟脚,还有无别的方法?

答:无。

3)木材

(135)问:建地坑院用到什么木料?多大的料?自产还是购买?到哪里买?价钱、运费如何?

答:门窗用木料,一般是自产的,若购买。就是成品的。

4)窑脸的券砌

(136)问:何时做?

答:窑打好后做。

(137)问:如何让贴面与基层结合牢固?

答:用石灰。

(138)问:用什么东西胶结、塞缝?如何配制?

答:石灰。

(139)问:砖是否要加工?

答:不要。

(140)问:如不用砖,还用什么材料?用何工具?施工要求是什么?

答:用土坯平裱,外面用麦秸泥抹光。

(141)问:这些构件能用多长时间?

答:10年以上。

(142)问:坏了怎么修?

答:照原样重做。

5)窑内和窑脸的粉饰

(143)问:窑内表面怎么处理?有几种做法?

答:用麦秸泥抹平。

(144)问:分几道层次和工序,基底怎么做毛?

答:预留收缩缝,共上两层泥。

(145)问:材料配比?

答:没有固定比例。

(146)问:施工顺序?

答:先抹窑顶,后抹下面。

(147)问:用何工具?

答:泥抹。

(148)问:一次可以做多大面积? 交接缝怎么办?

答:4m长留一交接缝。

(149)问:弧形如何控制? 用何工具?

答:不用控制。

(150)问:窑脸平面怎么处理?

答:抹平即可。

(151)问:这些粉刷能用多长时间?怎样修?怎样让它粘结实?

答:5年左右。

10.檐口、拦马墙和散水

(152)问:檐口有哪些样式? 都可用什么材料?

答:用砖瓦、滴水做。

(153)问:檐口有几层?什么名称和做法?四周一圈有无差别?

答:有五层,一层拔砖,二层是狗牙,三层是跑砖,四层是抄瓦,五层是滴水檐。四周一致。

(154)问:檐口所用材料,粘接物及配比?

答:砖、瓦、石灰。

(155)问:檐口的高度如何定?

答:根据自己的经济情况来定。

（156）问：挑檐（眼眨毛）都有几种做法？最大挑出多少？最少挑出多少？怎么保持不掉渣？

答：最大挑出30cm，最小25cm。

（157）问：拦马墙的高度怎么定？最高多少？最低多少？有无基础？会不会被推倒？宽度是多少？有烟洞怎么做？用什么黏拉？勾缝？

答：拦马墙主窑一面是50cm，其他35cm，有基础，宽24cm。

（158）问：散水怎么做？多宽、多深？坡度多少？

答：2m左右，坡度自主掌握。

11.门道及水井

（159）问：入院坡道选在什么位置？谁来定？何时施工？宽度、坡度怎么定？侧壁如何处理？有无护壁或跟脚？侧壁顶部和坡道起点如何防雨水倒灌？

答：根据院的类型定门洞和坡道，宽度1m左右，有护壁、跟脚，四面做高，防雨水倒灌。

（160）问：开挖顺序？有无专门仪式？使用工具？在地下转弯时如何定向？怎样才能刚好通到院内预设门洞位置？

答：先暗洞后明洞，用尺子定向。

（161）问：门口高度、宽度如何定？设几个门有无要求？

答：高度略低于其他窑洞，一个大门。

（162）问：踏步和坡道有几种类型？如何雨天防滑？下来的水怎么办？

答：有很多类型的踏步，下来的水通过一小渠道引流到院里渗坑。

（163）问：水井设在何处？有无讲究和名称？什么时候挖？是否有专门工匠？会不会挖到咸水？多大、多深？水质如何？水温如何？多长时间掏1次？

答:水井一般设在门洞大门里的右侧拐窑里,没专门工匠,水质良好。

12.地面铺装

(164)问:窑内有几种地面做法?

答:两种:夯土和砖铺。

(165)问:院内一圈通行道有无名称?多宽?有无坡度、平整度要求?

答:无名称,2m宽。有坡度。

(166)问:通行道与院心高差多少?为什么?中间与边缘砌法一样吗?为什么?

答:30cm左右,一样。

13.装修、装饰

(167)问:最常用最喜爱的什么色彩?

答:最常用黑色。

(168)问:主窑、下主窑,其他窑门窗都有什么形式?有无等级?有何含义?门窗上有哪些东西?起什么作用?制作或买?做要花多长时间?什么材料?

答:没等级,形式一样。

(169)问:檐部装饰有何含义?施工顺序?花多长时间?多少费用?

答:没什么含义。

(170)问:门道有无装饰?大门、二门有几种做法?水井旁有何装饰?有无神位?有何含义?

答:无装饰。

(171)问:不同窑洞有何装饰?在什么部位?什么含义?

答:没有。

14.家具、用具配备

(172)问:家里都有哪些家具、用具?花费多少?放在何处?

答:炕前放桌椅,后面依次是洗脸盆,木床,一对柜子和一对木箱,炕后盘锅头,后面是案板、水缸、瓦缸等。

(173)问:窑内家具物品有几种常见的排放方式?有无等级?什么含义?有无神位?什么神位?放在何处?多久祭拜一次?什么仪式?

答:家具摆放同上,灶神在案板上面,祖宗牌位在窑底后,主要节令祭拜。

(174)问:洞壁上有无壁画?窑内家具、物品是否会受潮、发霉?怎么办?

答:炕上有炕围画,桌上有桌围画,伏天受潮,拿出来晾晒。

(175)问:何时盘炕?与烟洞怎么连?炕有几种尺寸?适合什么用途?有无含义和等级?

答:窑隔扎好后,即可盘炕,炕内火道与烟洞连接,炕一般是1.5m宽、2.3m长。

(176)问:何时砌灶?尺寸多大?砌在何处?

答:炕盘好后即可砌灶,砌在炕后面。

(177)问:院内都安排什么设施?在哪里吃饭?夏天是否在户外做饭?

答:院内一般没设施,吃饭在窑里,夏季有时在院内。

(178)问:院内有无神位?什么神?何时祭祀?有何仪式?

答:门洞有土地神,主要节日祭拜,无特别仪式。

15.绿化

(179)问:院内种什么植物?有何讲究?种在什么位置?

答:院内一般种梨树、桐树和花草,种在天心的一角。

(180)问:最忌讳什么植物?根系对地坑院有无影响?

答:最忌讳柳树、桑树、杨树。

(181)问:哪些植物最有用?经济价值高?

答:桐树经济价值最高。

(三)经费

(182)问:挖一所天井窑院要花多少钱?其中材料费多少?工钱多少?招待费多少?其他(意外)费用?

答:20世纪50年代:300元;20世纪60年代400元;20世纪70年代600元。主要是门窗和拦马墙。工钱很少,招待费不少。

(183)问:怎样支付?

答:完工后即支付。

(184)问:各工种(土工、泥工、民工、木工)费用怎样支付?领工和一般参与人员各占多少?

答:都是完工后一次性支付。

(185)问:族长或其他帮忙人员如何酬谢?

答:帮忙人员招待吃饭即可。

(186)问:施工时,是否招待有关人员或邻居?

答:只招待施工人员。

(四)防灾与环境调控

(187)问:如何防止雨水过大产生的渗透冲刷?连阴雨时怎么办?所有地坑院防雨水潮湿破坏的能力是否一样?

答:只要崖上场里碾光压实,就不会渗漏。

(188)问:怎样保持窑顶排水、防水?地势低的地坑院防雨水倒灌有无其他办法?

答:地势低的增高拦马墙即可。

(189)问:窑内地面与院内路面有无高差?院内环路有无坡

度？向哪里坡？院心地面有无坡度？坡度多少？

答：无高差，环路有坡度，向院心坡。

（190）问：檐口落雨在窑脸上滴到什么位置？落水至院内能溅多高？雨大时会不会顺墙往下流？

答：不能落到窑腿上。只要有滴水檐，就不会随着崖面流。

（191）问：窑洞上的裂缝、掉土要不要处理？怎样处理？窑洞会不会歪斜？窑洞有没有突然倒塌？倒塌前有无预兆？

答：裂缝用土坯或砖块塞实，窑洞不会歪斜，也不会突然倒塌。

（192）问：地坑院如果出现水淹、塌方、滑坡怎么救助？谁来救助？

答：出现水淹，人往崖上跑，村人来救助。

（193）问：地坑院会不会着火？坑上做饭会不会点燃其他物品？着火时，用哪里水扑救？

答：不会着火。

（194）问：地坑院如何防盗？有无贼跳入或用绳吊入院内？窑洞门窗能不能防盗？

答：很少有贼人用绳子吊下，门窗不防盗。

（195）问：污水怎么排？垃圾、粪便怎么运走？烟洞会不会堵塞？怎么通？

答：污水直接倒在院里或渗坑，垃圾粪便用辘轳绞到崖上，烟洞堵塞用秤锤往下打。

（196）问：窑洞内有没有蝎子、臭虫？如何防止鼠害、虫蚁？

答：有蝎子，臭虫很少，用灭鼠药或养猫来防鼠。

（五）日常养护与维修

（197）问：窑顶怎样防露，防植物（草、灌木、小树）生长？多长时间压实一次？压多长时间？达到什么程度？

答:夏、秋两季遇雨即碾压,达到光、实、平。

(198)问:修整窑顶的程序、工具？用什么东西、材料？

答:窑顶若出现问题,就需要用土坯来箍。

(199)问:修整窑洞墙壁,拱顶的程序、工具？用什么东西、材料？

答:窑壁用麦秸泥来修整。

(200)问:修整窑脸的程序、工具？用什么东西、材料？

答:修正窑脸用砖或土坯。

(201)问:井水如何保持清洁？如何防止污染？

答:加个井盖就可以了。

(202)问:门窗、家具多长时间要新刷油漆？

答:5年左右。

(203)问:窑院多长时间大修一次？修哪些地方？窑院能用多长时间？地震来时怎么办？如何延长使用时间？

答:哪里有问题,就要随时修,不能拖延。只要有人住,不断修整,可以住很长时间。

(204)问:窑院最容易出现的问题是什么？怎么治？怎么修？顺序？工具？材料？

答:裂缝,掉土,用土坯箍起来。

(205)问:平时出了问题谁为修？大修时谁来做？

答:平时出问题,随时自己修,有大问题,请匠人修。

(206)问:对窑院来说什么问题最可怕？怎么办？

答:崖上的水倒灌进院里最可怕。